Newton GRAPHIC SCIENCE MAGAZINE ニュートン

本当に感動する
サイエンス
超入門!

アインシュタインの相対性理論とは何か

JN239267

監修／佐藤勝彦
東京大学名誉教授

はじめに

時間と空間は、長くなったり短くなったりする——。こんな話を、あなたは信じられるでしょうか?

普通であれば、1秒や1メートルの長さは絶対的なもので、変わるはずはないと思うでしょう。19世紀までの科学者たちもそのように考えていました。しかし、そのような常識は「相対性理論」によって根底からくつがえされてしまいました。相対性理論は、20世紀初頭に天才物理学者、アルバート・アインシュタインがつくりあげた、時空(時間と空間)に関する革命的な理論です。「1秒や1メートルの長さは、立場や状況によって変わる」、「質量とエネルギーは同じもの」、「重力で光が曲がる」、「重力は空間の曲がりから生まれる」。これらはすべて、相対性理論によって明らかになった事実です。

よく相対性理論とひとまとめによばれますが、実は「特殊相対性理論」と「一般相対性理論」の二つが存在します。

アインシュタインが「特殊相対性理論」を発表したのは、1905年。特殊相対性理論は物の長さや時間の進み方は絶対的なものではなく「状況によって変わる」と考える時空の新理論でした。

さらにその10年後、アインシュタインは理論を発展させて「一般相対性理論」を発表します。一般相対性理論は、あらゆる物体の重み（質量）が時間と空間を曲げ、重力を生みだすと考える常識外れの新理論でした。

相対性理論は、現代物理学の土台としてきわめて重要な理論というだけでなく、現代人の生活にとって欠かせない理論でもあります。地図アプリに利用される「GPS」をはじめ、相対性理論は日常生活でも活躍しているのです。

さらに相対性理論による空間や時間の伸び縮みをうまく利用すれば、原理的にはタイムトラベルができるという、おどろきの事実も示されています。いったいどのようなしくみでそれらが実現されるのか、興味がわいてきませんか？

相対性理論は物理学の理論ですから、本来なら数式を使って説明・理解されるものですが、この本では数式をほとんど使わずに説明しますので、ご安心ください。

本書では相対性理論とは何かといった基礎をはじめ、相対性理論の土台となる原理や、伸び縮みする時空、$E=mc^2$など、相対性理論が明らかにした不思議な事実についてやさしく解説します。

アインシュタインが生みだした「世紀の大理論」。初めて学ぶ人も、どうぞ気軽に読み進めてみてください。

目次

第2章／相対性理論の土台と、光についての大発見

第3章 時間と空間は伸び縮みする！ ～特殊相対性理論～

第4章／時空のゆがみが重力の正体！　～一般相対性理論～

第5章／相対性理論でタイムトラベルはできるのか

第6章／相対性理論と現代物理学

第1章

相対性理論とは何か

世紀の大理論「相対性理論」

タイムマシンで過去や未来に行ければ――。誰もが一度は、そんな想像をした経験があるのではないでしょうか。実は、未来へのタイムトラベルは理論的に可能であることをご存じでしたか?

私たちのまわりの空間と時間は、伸びたり縮んだりすることがあります。SFのように感じられるかもしれませんが、これは天才物理学者のアルバート・アインシュタイン(1879~1955)がとなえた「相対性理論」で明らかにされた事実です(図1－1)。空間や時間の伸び縮みをうまく利用すれば、原理的にはタイムトラベルができるのです。

相対性理論は時間と空間、そして重力について、それまでの常識を大きくくつがえした「世紀の大理論」です。どのような理論なのか、まずは簡単に説明していきましょう。

よく相対性理論とひとまとめによばれますが、実は相対性理論には「特殊相対

図1-1.　アルバート・アインシュタイン

性理論」と「一般相対性理論」の二つがあります。特殊相対性理論は、アインシュタインがわずか20歳代なかばという若さで、1905年に発表したものです。前述したように、これは従来の時間と空間の考え方を一変する大理論でした。

それまでの物理学は、イギリスの物理学者アイザック・ニュートン（1642〜1727）が確立した「ニュートン力学」が土台となっていました。

ニュートン力学では、1メートルのものさしはいつ、だれが見ても同じ長さだと考えます。また今から1分後には、宇宙のどこにいても1分という時間がたっていることになります。つまり、時間と空間はだれから見ても同じ「絶対的なもの」だということです。このような考え方は当たり前すぎて、わざわざ説明するほどでもない、と思う人もいることでしょう。

ところが特殊相対性理論では、物の長さや時間の進み方は絶対的なものではなく、「状況によって変わる」と考えます。たとえば速く移動する物はその長さが縮み、時間の進み方が遅くなるのです。状況によって物の長さや時間の長さが変わるとは、にわかには信じられないかもしれません。しかし特殊相対性理論が示す空間と時間の伸び縮みは、観測によっても裏付けられています。

では、一般相対性理論はどのような理論なのでしょう。一般相対性理論は、特殊相対性理論の発表から約10年後の１９１５〜１９１６年、アインシュタインが36歳のときに導きだしたものです。

一般相対性理論は、「重力」についての理論です。簡単にいうと、あらゆる物体の重み（質量）が時間と空間を曲げ、重力を生みだすと考える理論です。

特殊相対性理論と一般相対性理論の二つの理論は、宇宙の成り立ちをはじめとする、さまざまな謎の解明に欠かせない「現代物理学の土台」です。この本では、相対性理論がいったいどのような理論なのか、わかりやすく説明していきます。

まずこの1章では、相対性理論とは何なのかをダイジェストで紹介しましょう。

相対性理論によると、タイムトラベルは可能！

冒頭で、空間と時間の伸び縮みを利用すればタイムトラベルも可能と説明しました。いったいどうすればタイムトラベルができるのでしょうか。

相対性理論によると、重力の強い場所や、とてつもない加速をする場所では時間と空間がゆがみ、時間がまわりよりもゆっくり進みます。ですから、ロケットで宇宙旅行すると、ロケットの中の旅行者にとってはわずかな時間しか経っていないのに、地球に帰ってくるとそこでは長い年月が経っている、といった状況をつくることができるのです。つまり〝未来の地球に行ける〟ということになりますね。

では、過去へのタイムトラベルはどうでしょう。一般相対性理論によると、特殊な状況のもとでは原理的には可能かもしれませんが、非常にむずかしいようです。たとえば、宇宙のはなれた2地点を結ぶ時空（時間と空間）のトンネルである

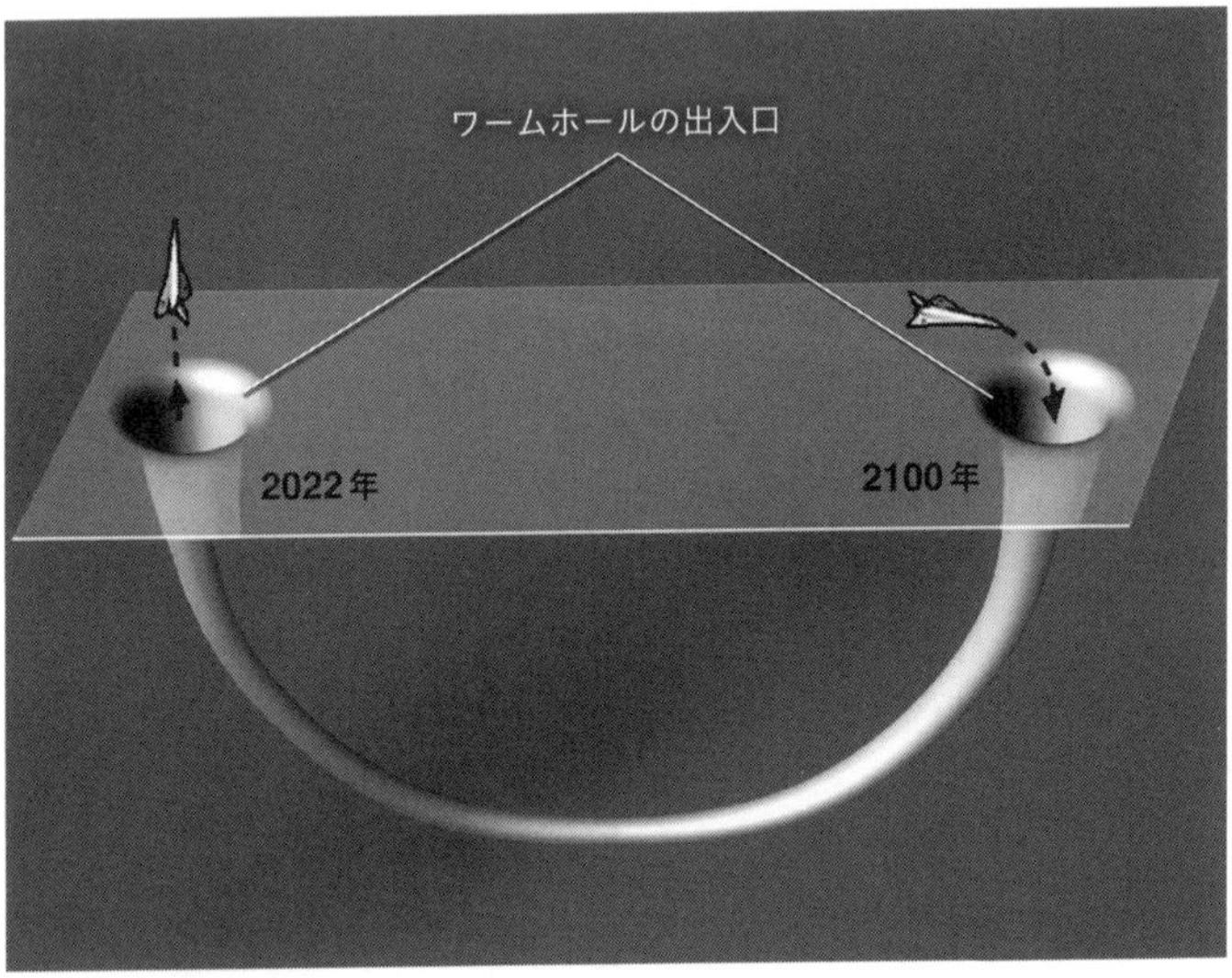

図1-2.　宇宙のはなれた2地点を結ぶ時空のトンネル「ワームホール」

「ワームホール」の存在が一般相対性理論などから予言されています（図1－2）。もしもワームホールが実在していた場合には過去へのタイムトラベルが可能です。しかし、その証拠はいまだ見つかっていません。

　また、もし過去へのタイムトラベルが可能だとすると、大きな問題が生じます。

　過去へのタイムトラベルは過去の歴史を書きかえる可能性を開いてしまうからです。少し物騒ですが、タイムトラベラーが過去にもどって、結婚していない若いころの自分の祖父を殺してしまったとしましょう。そうすると、タイムトラベラーは生まれなくなるはずです。すると過去へのタイムトラベルをする人がいないことになるので、祖父が死ぬことはない、という矛盾が生じてしまいます。これは「祖父殺しのパラドックス」とよばれるものです。

過去へのタイムトラベルはこのような矛盾を生みだし、因果関係を崩壊させてしまう可能性があるのです。そのため多くの物理学者は、一般相対性理論をこえた何らかのメカニズムが自然界に存在し、過去へのタイムトラベルを禁じているのではないか、と考えているようです。タイムトラベルについては、第5章でくわしく取り上げるので、楽しみにしていてください。

高速で移動すると、時間の進みが遅くなる

アインシュタインは1905年に特殊相対性理論を発表し、さらにその10年後に一般相対性理論を発表しました。ここで、特殊相対性理論の概要をあらためて説明しておきましょう。

相対性とは「絶対性」の反対を意味します。相対性理論以前のニュートン力学では、長さや時間の進み方は、宇宙のどこでも変わらない「絶対的なもの」だと考えられていました。しかし特殊相対性理論は「時間や空間は絶対的なものではなく、立場によって変わる」ということを明らかにしました。すなわち時間や空間は相対的なもの、ということです。

特殊相対性理論によれば、たとえば高速で飛ぶ宇宙船の中の時計を宇宙船の外から見ると、時間の進み方が遅くなります。そのため、宇宙船の中のストップウォッチの1秒と、宇宙船の外のストップウォッチの1秒が一致しなくなるのです。私たちの常識からはとても信じられないでしょう。

さらに、高速で飛ぶ宇宙船の中では、時間だけでなく、空間の長さも変化します。宇宙船の中の人が1メートルと主張する物体を、宇宙船の外の人が見ると1メートルではなくなってしまうのです。

時間と空間は別々に伸び縮みするのではなく、一緒に伸び縮みします。ですから時間と空間は一体のものであるとみなされ、まとめて「時空」とよばれます。

特殊相対性理論から生まれた $E=mc^2$

特殊相対性理論からは、ある重要な式が導かれます。それは「$E=mc^2$」です。この式はとても有名なので、どこかで見聞きした気がする、という人もいるかもしれません。

この式の「E」はエネルギー、「m」は質量、「c」は光速（3.0×10^8m/s）をあらわしています。$E=mc^2$という式は、歴史的に別々にあつかわれてきたエネルギー（E）と質量（m）が、「本質的に同じもの」であることを示しています。この式によると、物体の質量には、とても大きなエネルギーが秘められていることになります。

太陽を例にあげてみましょう。太陽は、内部でおこる「核融合反応」によって光輝いています。核融合反応では、反応の前後で物質の質量が少しだけ小さくなります。このときに消えた分の質量がエネルギーへと変換されるため、太陽は光輝いているのです。

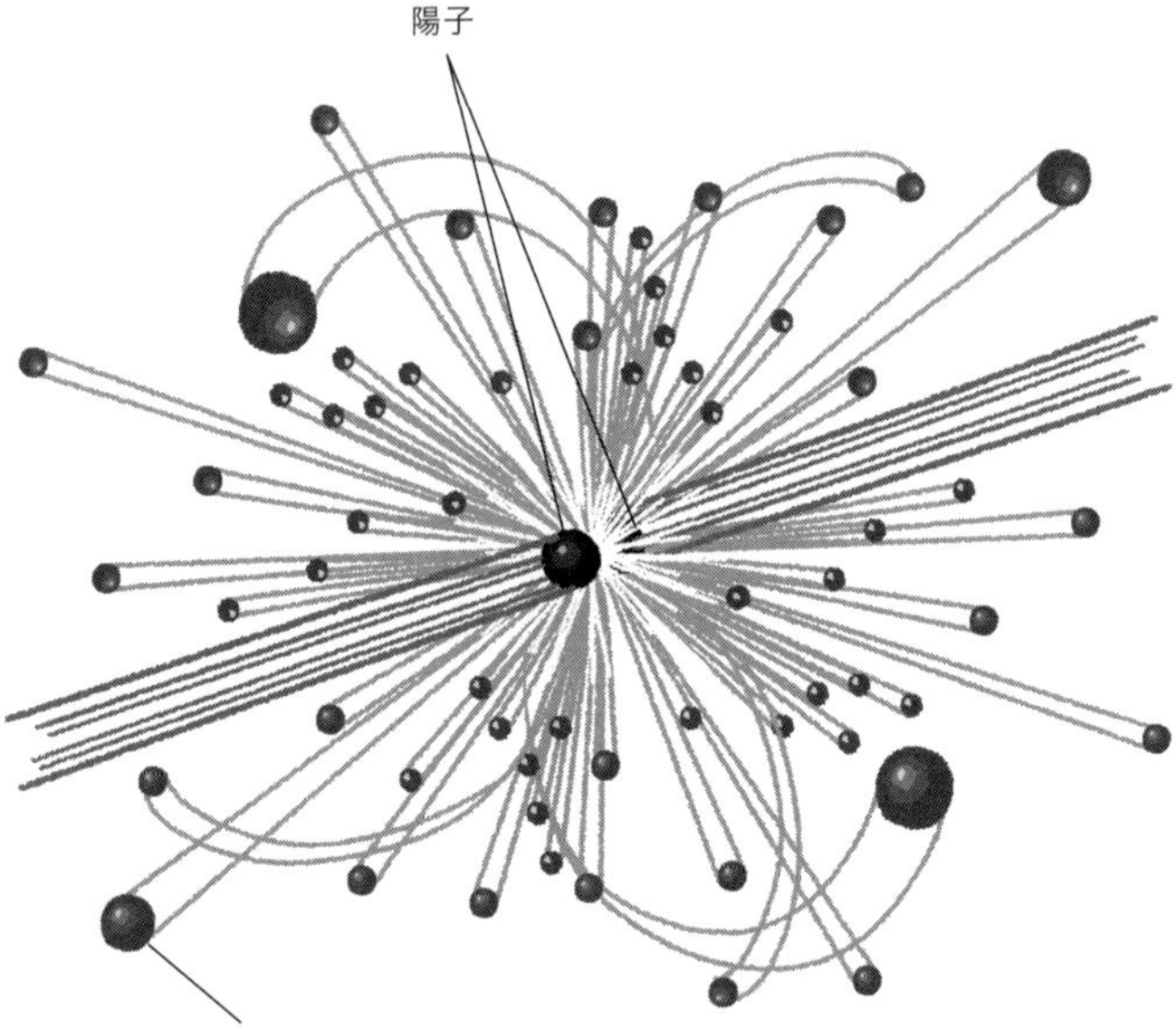

図1-3.　陽子どうしがぶつかって生まれた「新たな粒子」

別の例も紹介しましょう。現在「素粒子物理学」の分野では「陽子などの微小な粒子を、とてつもなく加速してぶつける実験」が行われています。いったいなぜ陽子どうしをぶつけるのか、それは、新しい粒子を生みだすためです。加速した陽子は大きなエネルギーをもっています。このような陽子どうしがぶつかると、そのエネルギーをもとに、新たな粒子が生みだされるのです（図1－3）。太陽の例とは逆に、エネルギーが質量に変換されるというわけです。つまり質量はエネルギーに変身でき、逆にエネルギーも質量に変身できるということになります。

このように、太陽から物理学の実験まで、$E=mc^2$はさまざまなところで活躍しているのです。特殊相対性理論と$E=mc^2$については、第3章でさらにくわしく説明します。

空間がゆがんで重力が生まれる

では次は、一般相対性理論とはどういう理論なのか、簡単に説明しましょう。

特殊相対性理論によって時空が伸び縮みすることを明らかにしたアインシュタインは、そのおよそ10年後、さらに理論を発展させて一般相対性理論を完成させました。

実は特殊相対性理論は、重力のある状況では使えませんでした。したがって、重力のはたらかない「特殊な状況」でしか使えない理論なのです。

そこでアインシュタインは、重力がはたらいている状況でも使える相対性理論をつくることはできないかと考えました。すなわち「より一般的に使える」相対性理論、つまり一般相対性理論です。

一般相対性理論が登場する以前、重力は万有引力の法則で説明されていました。万有引力の法則は、17世紀にニュートンが打ち立てた、重さ（質量）をもつものどうしは、すべて万有引力（重力）で引き合うという理論です。万有引力の法則は、地上で物が落ちるのも、宇宙で月が地球のまわりを回るのも同じ現象であることを明らかにしました。人工衛星の打ち上げをはじめ、万有引力の法則はさまざまな場面で使われています。

ただニュートンは、万有引力（重力）がどのような法則ではたらくのかは明らかにしましたが、なぜ万有引力が生じるのか、という点を何も説明していませんでした。この重力が生じるしくみにせまったのが、一般相対性理論です。

一般相対性理論では、重力とは「時空のゆがみ」だと説明します。この時空のゆがみの影響を受けて物体どうしが引き寄せられます。これによって、物体が落下したり、地球が太陽の周囲を公転したりするのです。これが重力の正体です。

図1－4を見てください。本来、時空のゆがみをイラストにあらわすことはで

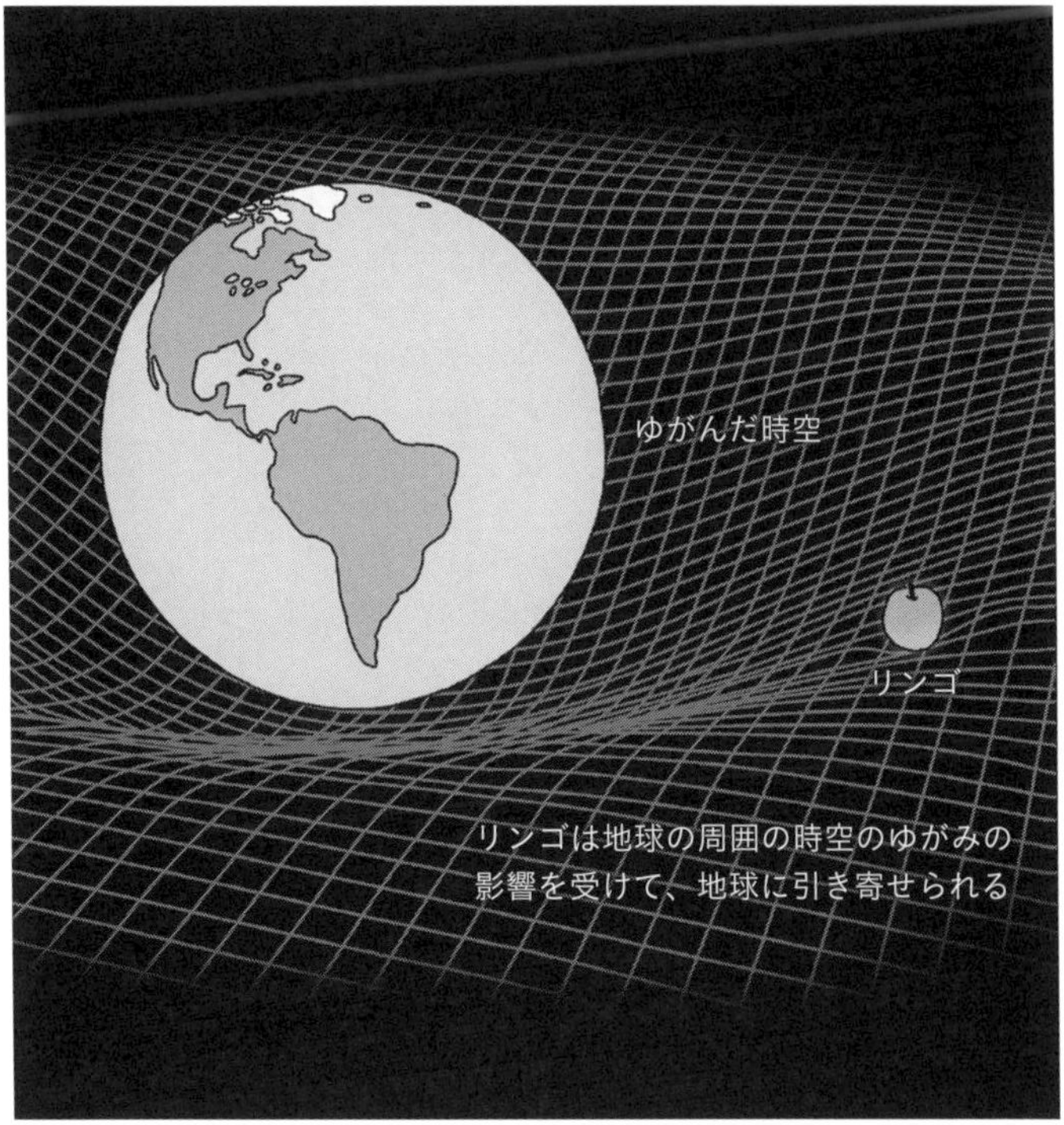
ゆがんだ時空
リンゴ
リンゴは地球の周囲の時空のゆがみの
影響を受けて、地球に引き寄せられる

図1-4.　2次元のマットのへこみであらわした「時空のゆがみ」

きませんが、このイラストでは時空のゆがみを2次元のマットのへこみとしてあらわしました。地球の周囲の時空はゆがんでおり、このくぼみに転がり落ちるように、りんごは地球に引き寄せられます。時空のゆがみは、重力源が重い（質量が大きい）ほど、そして重力源に近いほど大きくなります。

　重力が時空のゆがみ

だといわれても、ピンと来ないでしょう。そもそも時空がゆがんでいることを確かめることなどできるのでしょうか。

実は、時空のゆがみは、観測によって確かめることができます。その方法は「光の進路を見る」ことです。時空のゆがみがあると、光の進路さえ曲がってしまうためです。

ただし、小さな重力源では、光が曲がっているのを確認することはきわめて困難です。私たちの体重でも、ほんのわずかに光の進路は曲がっているはずですが、これは小さすぎて確かめることはできません。しかし宇宙に目を向けると、銀河団などの大きな重力源がありますから、光が曲げられる現象を実際に観測することができるのです。

一般相対性理論については、第4章でさらにくわしく説明しましょう。

現代社会には相対性理論が欠かせない

ここまで、相対性理論の概要を説明してきました。一見私たちの生活とかけはなれたお話に思えるかもしれませんが、実は相対性理論は、私たちの生活と密接な関係にあります。

車を運転するときには欠かせない、カーナビを例にあげてみましょう。カーナビはGPS衛星からの電波を自動車が受信し、電波が届く時間と電波の速度から距離を求め、車の現在位置を決めています。実はこれは、相対性理論を考慮しないと誤差が非常に大きくなってしまうのです。GPS衛星のある上空と地表とでは、重力の大きさがちがうため、時間の進み方もちがいます。相対性理論を考慮して時間の進み方のズレを補正しないと、車の正しい位置を割りだせなくなってしまうのです。

GPSはカーナビだけでなく、スマホの地図アプリでも欠かせません。このように、私たちは気がつかぬうちに、毎日のように相対性理論を使っているのです。

また、原子力発電でも相対性理論は活躍しています。原子力発電では「ウラン235」という物質がおこす「核分裂反応」によって、膨大な熱を生みだして蒸気を発生させ、タービンを回します。このときに特殊相対性理論から導かれる$E=mc^2$（質量とエネルギーが本質的には同じであることをあらわす式）が活躍しています。原子力発電でウラン235が「核分裂反応」をおこすと、実は少しだけ軽くなります。その減った質量が、熱のエネルギーへと変わっているのです。これは前述した、太陽が光り輝くしくみと同じようなしくみです。

カーナビやGPS、原子力発電など、相対性理論がいかに私たちの生活に密接に関係しているかがおわかりいただけたでしょうか。相対性理論がほかにはどのように応用され、日々の生活や自然科学の世界で役立っているのかについては、第6章でくわしく紹介します。

では、次の第2章からいよいよ本格的に相対性理論の世界を探検してみましょう！

第2章

相対性理論の土台と、光についての大発見

光を高速で追いかけたらどうなる？

アインシュタインは、なぜ常識はずれにも思える相対性理論を思いついたのでしょうか。普通、時空がゆがむなどということは考えもしないと思いませんか？　アインシュタインが相対性理論を思いついたのは、16歳のとき、ある疑問を抱いたことがきっかけでした。それは「もし自分が鏡をもって光の速さで飛んだら、顔は鏡に映るのだろうか？」という疑問です（図2－1）。この疑問がやがて、相対性理論へと発展するのです。この第2章では、相対性理論を生んだこの疑問について考えていきましょう。

そもそも私たちの顔が鏡に映るのは、顔から出た光が鏡に達し、反射して自分の目にもどってくるためです。しかしもし自分が鏡をもって、光と同じ速さで動いていたらどうでしょう？　鏡に光が到達し、自分の目にもどってくるのでしょうか。

少しイメージしやすくするため、音で同様の例を考えてみましょう。かつて光

図2-1.　アインシュタインが抱いた疑問

「鏡をもって光の速さで飛んだら、顔は鏡に映るのか？」という疑問が、やがて相対性理論につながった。

は、音のような「波」だと考えられていました。音は空気中を伝わる波で、秒速約340メートルで進みます。この速さを「音速」といいます。

音速で飛ぶ旅客機の先端から音を出したとします。すると旅客機も、先端から出た音もともに音速（秒速約340メートル）で飛ぶわけですから、旅客機から見ると前に進む音の速さは差し引きでゼロになってしまいます。つまり、音は音速で飛ぶ旅客機よりも先に進むことはないのです（図2－2）。

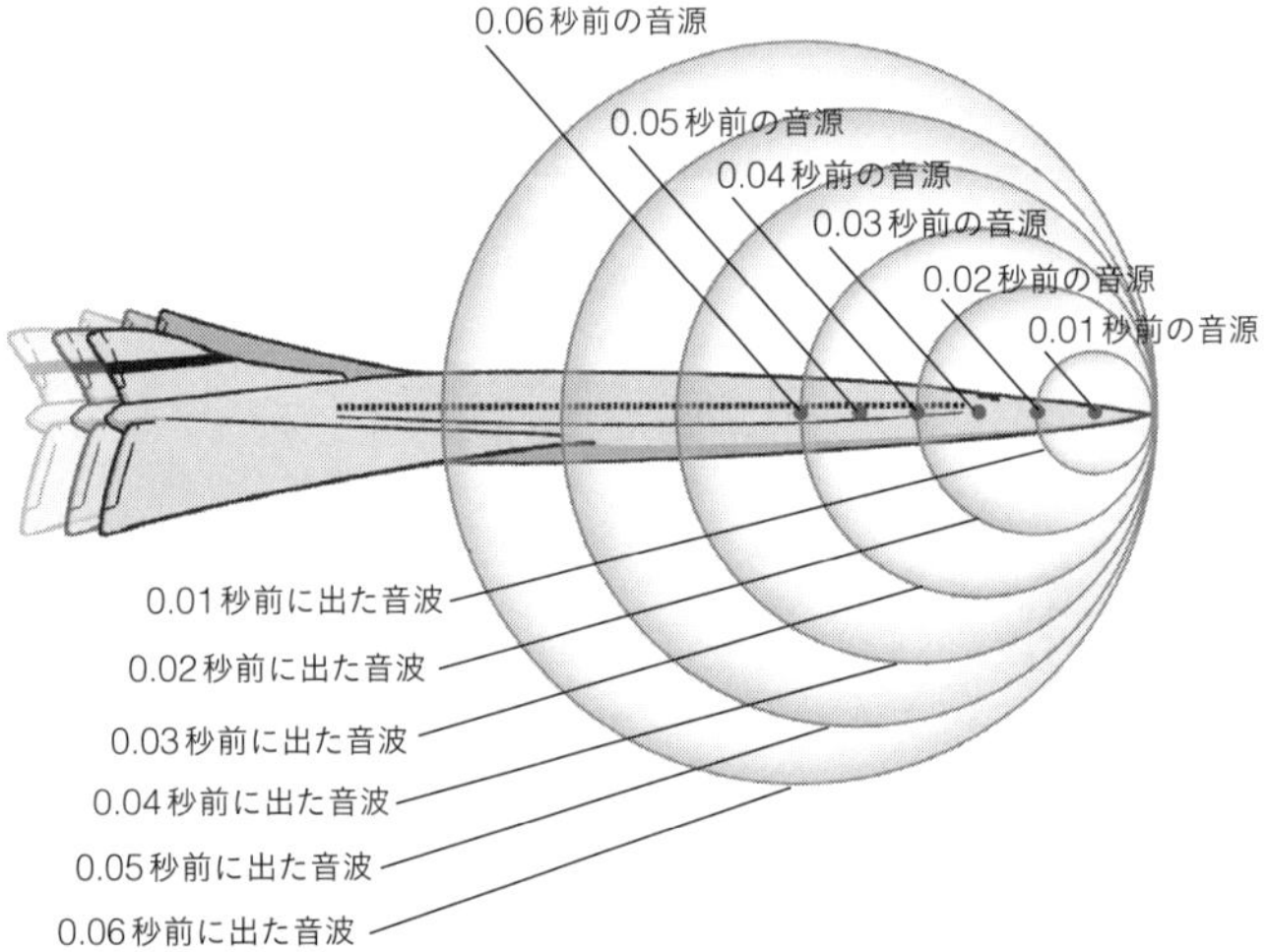

図2-2. 音速で飛ぶ旅客機

これをアインシュタインの疑問に当てはめると、旅客機が光速で飛ぶ自分で、音が光ということになります。音と同じように考えると、光速で飛ぶ自分から出た光は、自分を追い抜けないため、光は鏡に届かないことになりそうです。つまり、「光速で飛ぶ自分の顔は鏡に映らない」ことになります。

では、もしそれが正しいとすると、このとき光はどのように見えるでしょうか？　光速で飛ぶ自分と、自分から出た光は、同じ速さで並走するわけですから、飛んでいる自分からは光は止まって見えるはずです。しかしアインシュタインは「止まった光」などありえないのではないかと考え、悩みました。はたして光速で飛ぶ自分の姿は、手にもった鏡に映るのでしょうか。

光の速さは、秒速約30万キロメートル

アインシュタインの疑問の答えにせまるためには、「光の速さ」と「相対性原理」という二つのワードが鍵になります。この二つについて、ここからくわしく説明していきます。

まずは一つ目の鍵「光の速さ」について考えていきましょう。そもそも光に速さがあるとはどういうことなのでしょうか?

たとえば電灯のスイッチを入れると、パッと部屋全体が明るくなります。これは一瞬の出来事に思えますが、実際には電球がついたのと同時に部屋のすみずみまで光が届いているわけではありません。電球から出た光は時間をかけて部屋の中に広がっているのです。

このように、光に速さがあることは実感しづらいかもしれません。しかしそれは私たちの日常的な感覚からすれば、「光がけたちがいに速い」ということにほかなりません。光はなんと、1秒間におよそ30万キロメートルも進むのです。これが光速です。メートルになおすと、秒速約3億メートルという速さになります。

1969年、人類はアポロ宇宙船で、地球から37万キロメートルはなれた月面にはじめて着陸しました。このときアポロ宇宙船は、およそ3日間かけて月にたどりつきましたが、この地球と月までの距離も光ならばわずか約1・3秒で到着します。

また先ほど、音速は秒速約340メートルと説明しました。これでも十分速く思えますが、光は音のおよそ90万倍も速く進みます。光はとんでもなく速いため、光に速度があることを実感できないのも当然のことなのです。

図2-3.　ガリレオ・ガリレイ

光速の測定に挑んだガリレオ・ガリレイ

それにしても、光にはなぜ速度があるとわかったのでしょうか。実はほんの数世紀前まで人類は、光の速さが無限大である、つまりどんなに遠くはなれた場所にも一瞬で届くと考えていました。光の速さが無限大ではなく、ある有限な速度で進んでいると指摘した最初の科学者は、16〜17世紀に活躍したイタリアの物理学者・天文学者、ガリレオ・ガリレイ（1564〜1642）だといわれています（図2−3）。

ガリレオは、遠くはなれた場所に立った二人がランプの光を使って合図を送り合うことで、光の速さを求めることを考えました。たとえば5キロメートルはなれた場所で、二人が光の合図を往復させる（光が10キロメートル進む）のにかかった時間が1秒だとすれば、光の速さは秒速10キロメートルというわけです。

原理的にはガリレオのやり方はうまくいきそうですね。しかし実際にはかることはできませんでした。光が速すぎたのです。たとえば5キロメートルの距離の場合、往復する（10キロメートルを進む）のに、光はわずか10万分の3秒（0・00003秒）ほどしかかからないほどに速いのですから。

残念ながらガリレオの時代には、このような短い時間を正確に計測する技術がありませんでした。

光の速さが正確にわかった19世紀

ガリレオは光の速度の測定に失敗してしまいましたが、光の速度をはじめて求めることに成功した人物がいます。デンマークの天文学者であるオーレ・レーマー（1644～1710）です。

レーマーは木星の衛星である「イオ」を使って、光の速度を求めることに挑戦しました。イオは木星の周囲を約42・5時間で1周しています。つまり、もし光の速度が無限大であれば、イオと地球との距離に関係なく、イオが木星の影に隠れる現象（イオの「食」）が「常に約42・5時間」ごとに観測されるはずです。

しかし現実は、そうはなりませんでした。最も早い観測と最も遅い観測では、約42・5時間間隔からのずれが、最大で22分もあったのです。

観測時間にずれが生じたのは、地球とイオとの距離が変化していたことが原因でした。光の速度は実際には有限なため、地球とイオとの距離が近いときは、イオからの光が比較的早く届きます。一方地球とイオとの距離が遠いときは、イオからの光が届くまでより時間がかかります（図2−4）。すなわち22分という差は、「地球とイオの最短距離と最長距離の差を、光が進むために必要な時間」ということだったのです。

レーマーはこの事実に目をつけ、光の速さを計算しました。そして彼は1676年、「光の速さは秒速21・4万キロメートル」と発表します。当時は時計や天体観測の精度が低かったため、現在知られている秒速約30万キロメートル

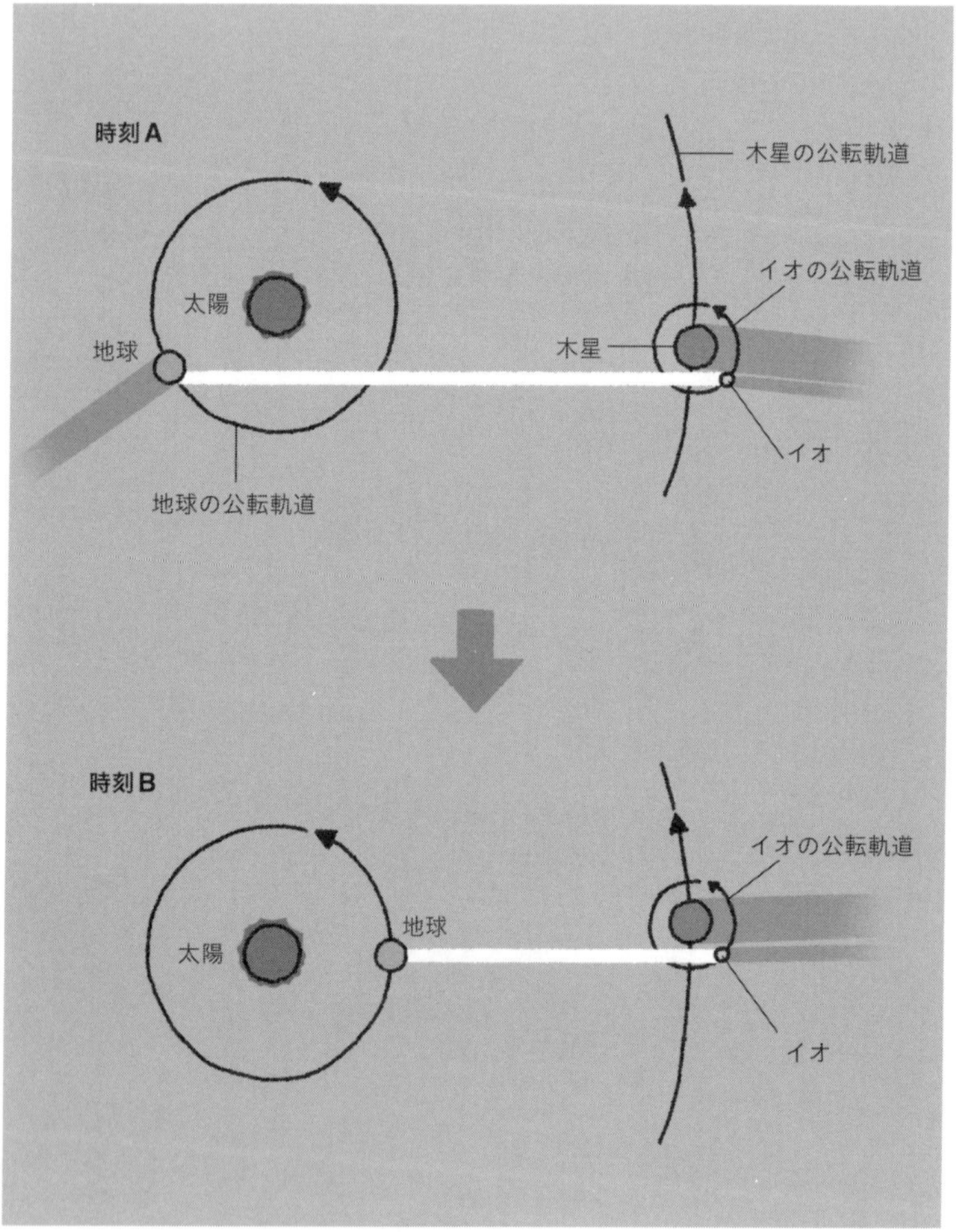

図2-4.　地球とイオの「距離の変化」

地球とイオの距離が近いときは、イオからの光が比較的早く届き、遠いときは届くまでより時間がかかる。

という光速の値よりも3割ほど小さな値になってしまいました。それでも、光速のだいたいの値がわかったことは、大きな前進といえるでしょう。

さて、それから約200年後の1849年に実験装置を使い、より正確な光速の値を測定することに成功した人物がいます。フランスの物理学者、アルマン・フィゾー（1819～1896）です。

フィゾーの実験装置の原理は、遠くはなれた2点間を光が往復するときにかかった時間をはかるというもので、基本的にはガリレオの光速測定のアイデアと同じです。フィゾーは望遠鏡のような観測装置と、光を反射させる装置をつくり、その間を片道およそ8・6キロメートルで、光を往復させました（図2－5）。片道8・6キロメートルということは、往復17・2キロメートルです。光はこの距離を、1万分の1秒もかからずに進みます。普通にやっていては、それほど短い時間を正確にはかることはできないでしょう。

そこでフィゾーは、光がもどってくるまでの時間を直接計測するのではなく「回転する歯車」をうまく使うことにより、光の往復にかかった時間を求めました。

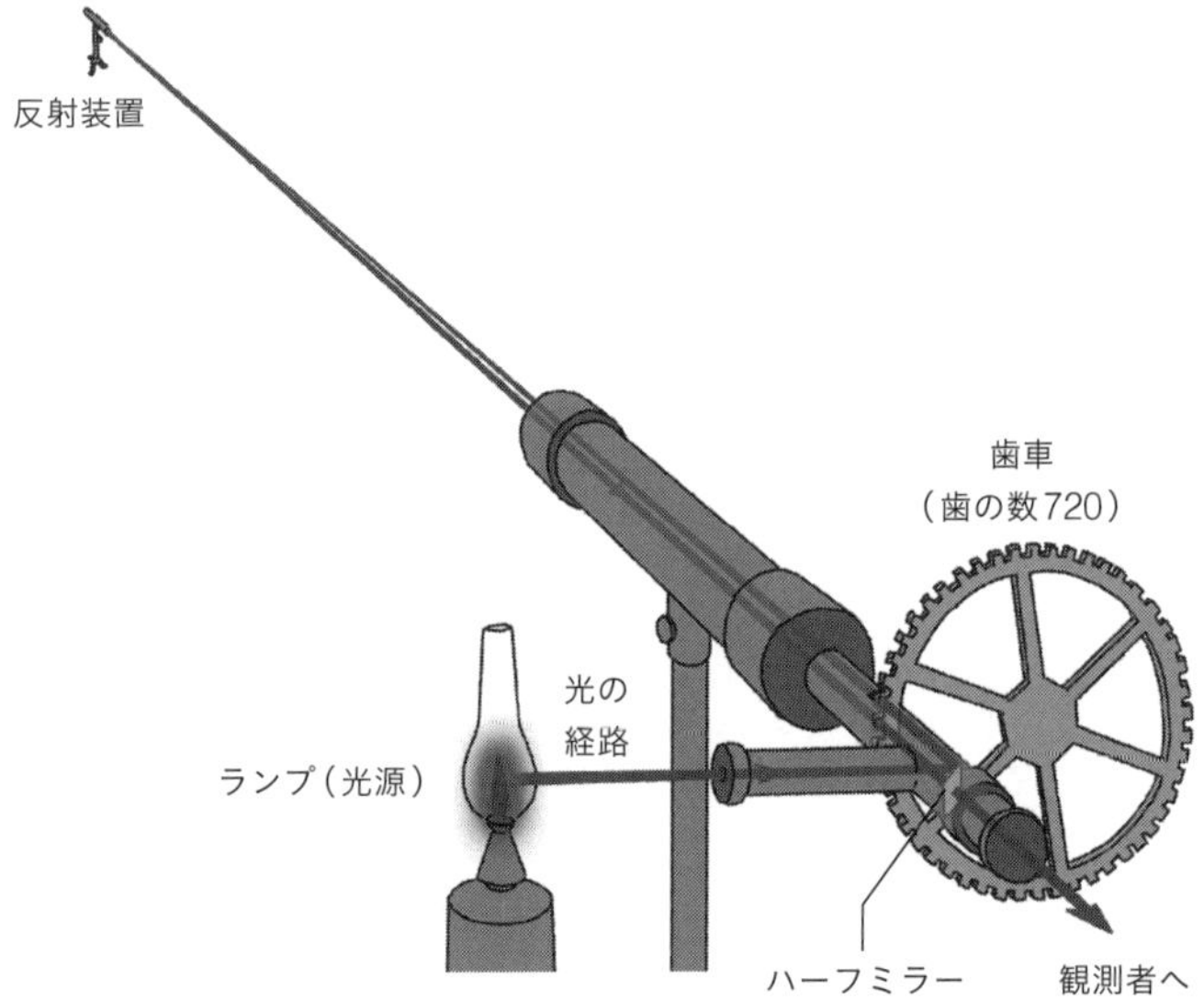

図2-5.　光の速度を計測する実験

図２－５を見てください。ランプから出た光は、望遠鏡のような装置の中にあるハーフミラーで進路が曲げられ、高速で回転する歯車に〝ぶつ切り〟にされながら、およそ８・６キロメートル先にある反射装置に届きます。フィゾーは歯車を回転させる速度を変えながら、光がもどってくるかどうかを実験しました。

この歯車には７２０個の歯がついています。フィゾーは１秒間に12・６回転

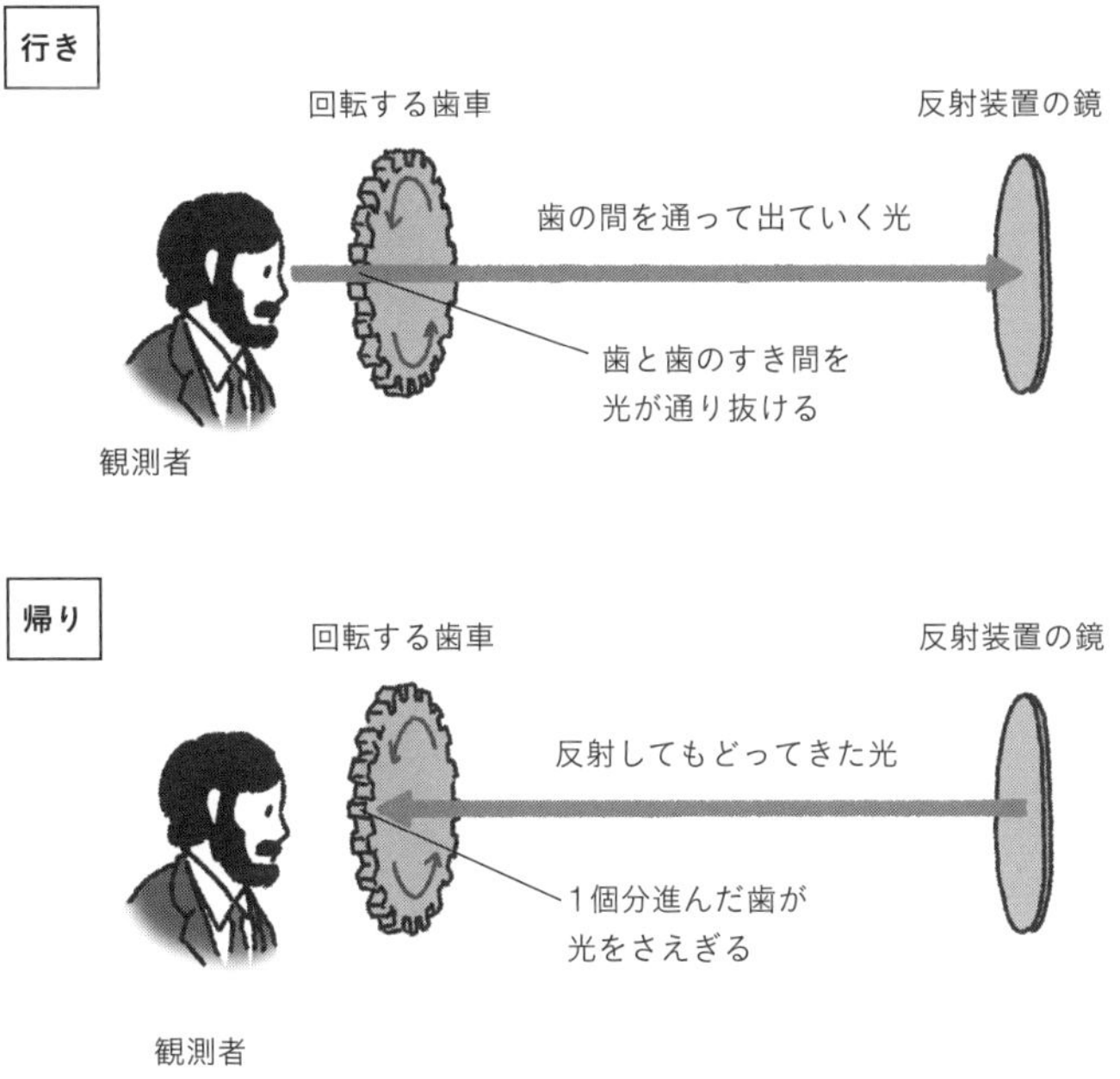

図2-6.　光の往復と歯車の回転

の速さで歯車を回転させると、観測者に光が届かないことを発見しました。この速さで歯車をまわすと、歯の間を通過した光が鏡で反射してもどってきたとき、1個分進んだ歯によってちょうどさえぎられるのです（図2－6）。

それはつまり、歯車の歯が1個分進む間に、光が往復17・2キロメートル進んできたことを意味します。歯が1個分進むのにかかる時間を計算すると、約0・

00055秒（＝1秒÷12.6回転÷720個÷2）です。この実験により、光は17・2キロメートルの距離を0・000055秒の時間で進むことが判明しました。

そしてフィゾーは1849年、光速は「秒速31・3万キロメートル」と求めました。まだ少し誤差はありますが、ずいぶん正確になったといえるでしょう。

光の正体は、電気と磁気がつくる波

フィゾー以降、数々の光速測定実験によって光の速さが求められ、秒速約30万キロメートルであることが知られるようになりました。しかし、そもそも光とは何なのか。その正体をはじめ、光がどのように空間を伝わっていくのかということは、わかっていませんでした。

この光の正体について謎の答えを導きだしたのは、イギリスの物理学者、ジェームズ・マクスウェル（1831〜1879、図2−7）です。

マクスウェルは、電気と磁気のふるまいを説明する物理学の理論の「電磁気学」をつくりあげた人物としても有名です。電磁気学は、それまで別のものと思われていた「電気」と「磁気」が実は〃双子の兄弟〃のような存在であり、本質的に同じものであることを示した理論です。実は、マクスウェルが性質を明らかにしたこの電気・磁気と光は、密接な関係にありました。

電気と磁気はたがいに影響をおよぼし合います。たとえば導線に電流を流すと、その導線の周囲の空間に、磁気の力をおよぼす空間「磁場」が生じます。そのため導線の近くに置いた方位磁石は、その影響を受けて動きます（図2－8）。

逆に磁石をコイルに近づけると、磁石の周囲に電気の力をおよぼす空間「電場」が生じ、その影響でコイルに電流が流れます（図2－9）。このように、電場が変化すると磁場が発生し、磁場が変化すると電場が発生するのです。

なぜ、光の話なのに電気や磁気の込み入った話が出てくるのか、疑問に思った方も少なくないでしょう。いよいよここから

図2-7.　ジェームズ・マクスウェル

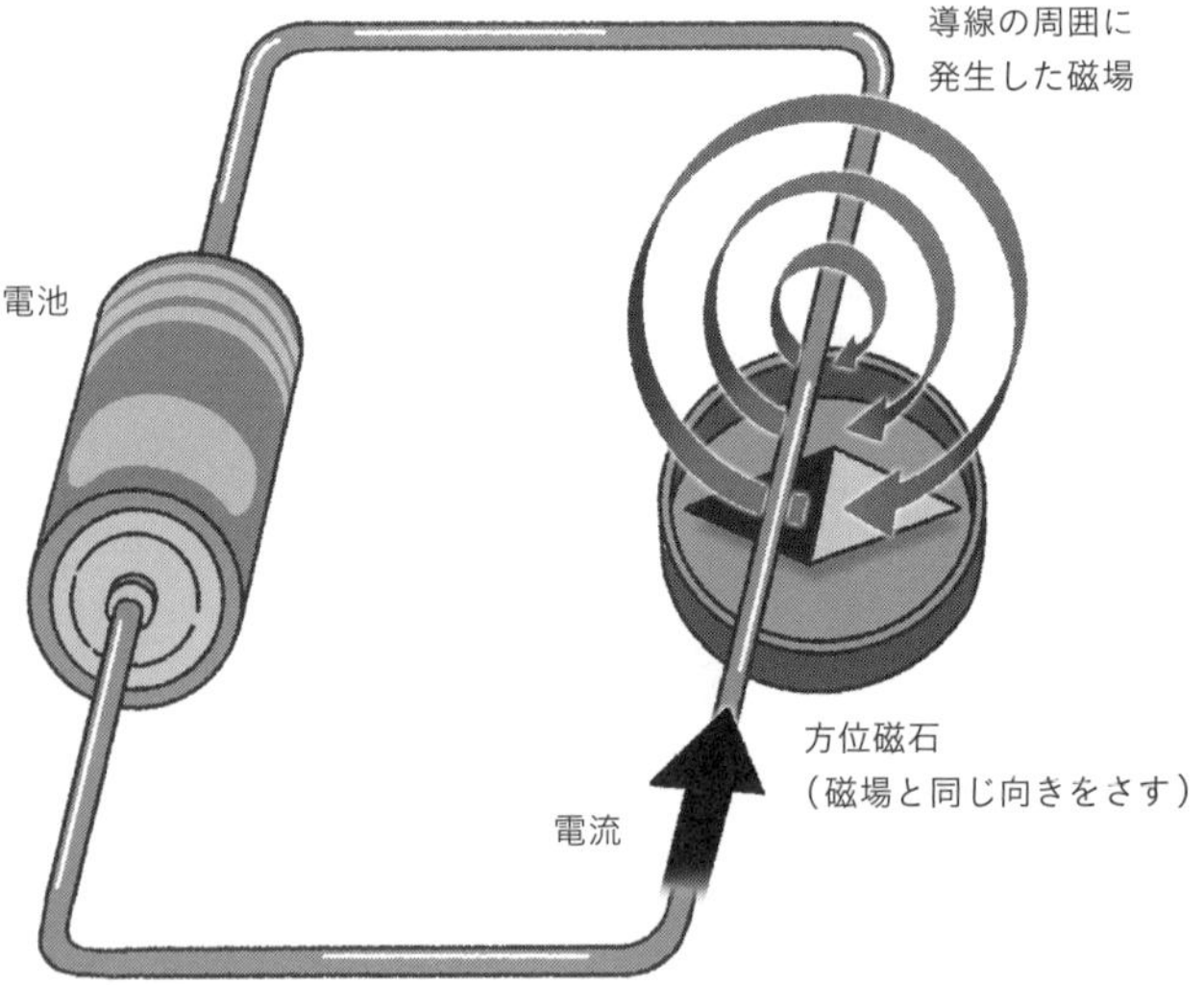

図2-8.　磁場の発生で動く方位磁石

が本題です。たとえば向きが変化しながら電流が流れると、その周囲の空間には、その電流に巻きつくように磁場が生じます。

するとこんどはその発生した磁場に巻きつくように電場が生じ、さらにその電場に巻きつくように磁場が生じる……といった具合に、電場と磁場が連鎖的に生じていくのです（図2－10）。

このような電場と磁場

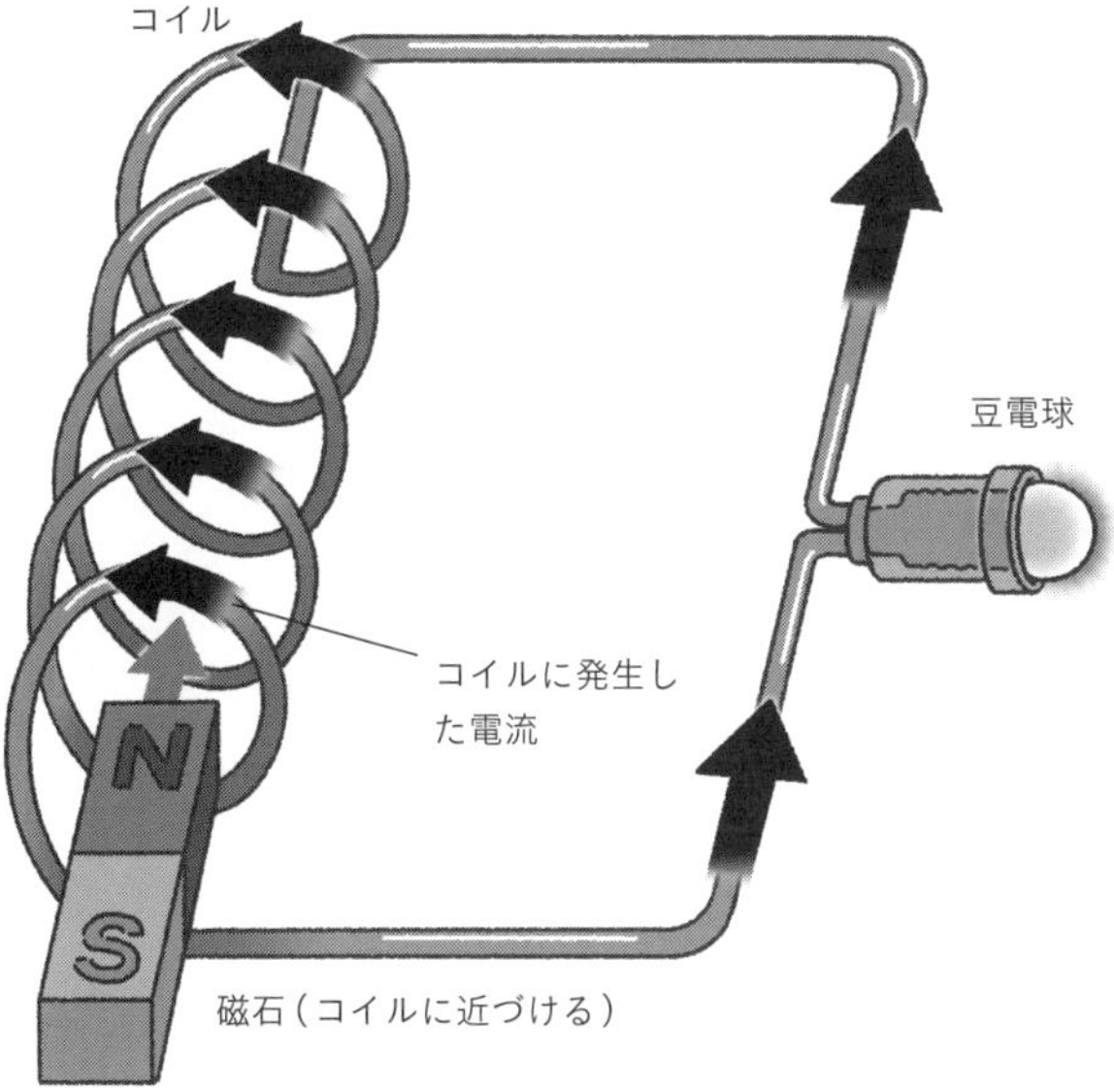

図2-9.　電場の発生で電流が流れるコイル

の連鎖は、波のように進んでいきます。マクスウェルはこの波を「電磁波」と名づけました。

さらにマクスウェルはこの電磁波が進む速さを、波の速さを直接はかるという方法ではなく、理論的な計算によって求めました。すると、その値はなんと秒速約30万キロメートルになったのです。

秒速30万キロメートル。この数字に聞き覚え

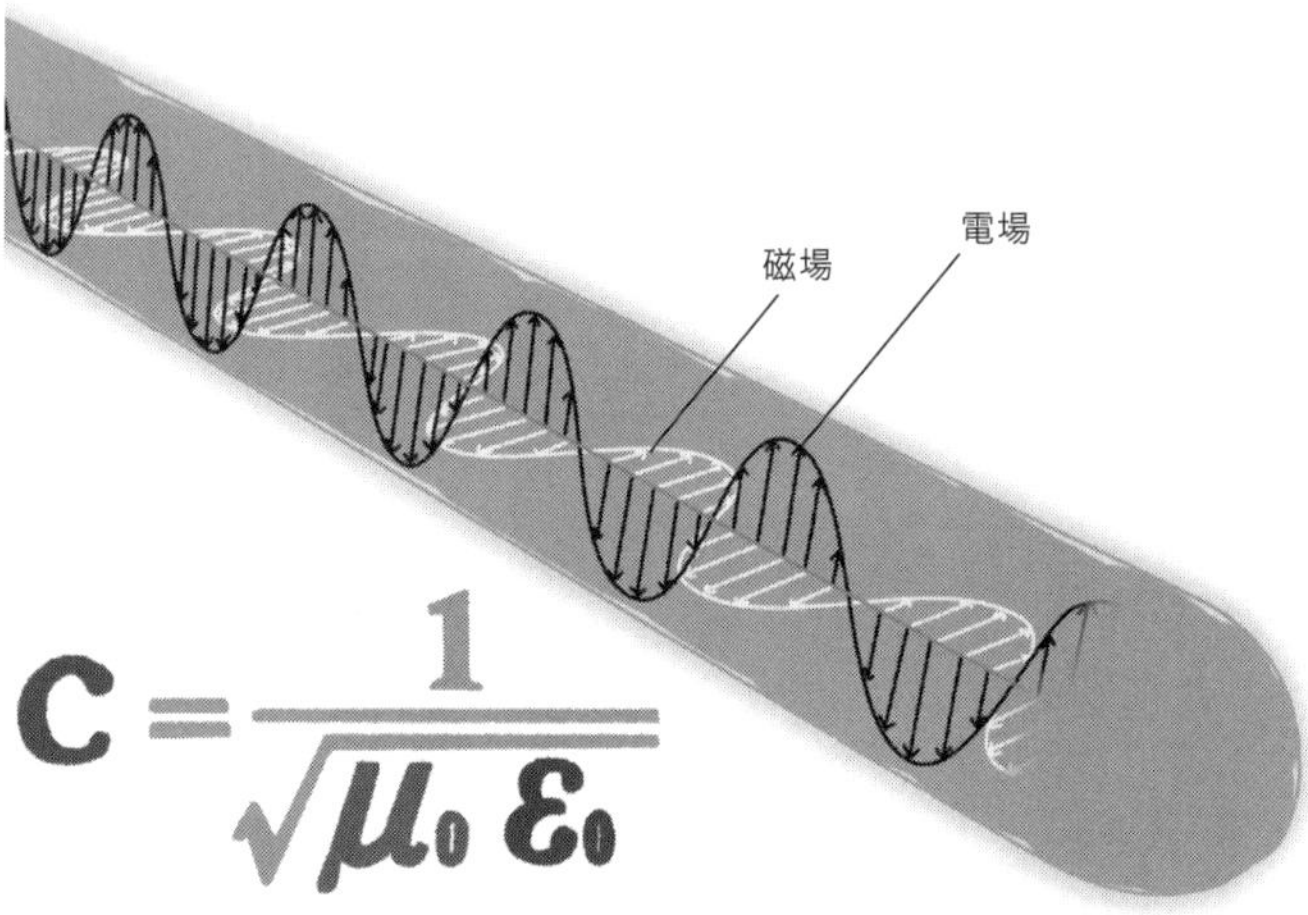

図2-10.　電場と磁場がつくる波「電磁波」

はありませんか? お察しの通り、これは光の速さと同じです。電磁波の理論的な速度と光速が一致したことから、マクスウェルは「電磁波と光は同じもの」と結論づけたのです。

こうして、光速が有限であることをガリレオが指摘してから2世紀以上の時をへて、光の速さとその正体がようやく明らかになりました。光の正体は、電場と磁場が連鎖的に波のように進んでいく、電磁波だったのです。

ちなみに電磁波には、いくつか種類があります。まず「可視光」、つまり目に見える光があります。そのほかに、可視光よりも波長（波の山と山の間隔）が長い「赤外線」や「電波」、波長が短い「紫外線」や「エックス線」、「ガンマ線」などもあります。これらはすべて電磁波の「波長」で区別されています。ただし波長がちがっても、いずれも同じように秒速約30万キロメートルで進むということにちがいはありません。

物の速度は、見る人によって変わる「相対的」なもの

ここまでアインシュタインの疑問を解くための鍵の一つである「光の速さ」について説明してきました。ここからはもう一つの鍵である、「相対性原理」にせまっていきます。相対性原理とは、ガリレオがとなえた、物体の運動にまつわる原理です。どういう原理なのか、順をおって紹介します。

相対性原理を理解するには、まず通常の物体の速度や運動は〝見る人（観測者）によってことなる〟という点をおさえておくことが重要です。

例をあげてみましょう。時速100キロで右に進む電車があります。この電

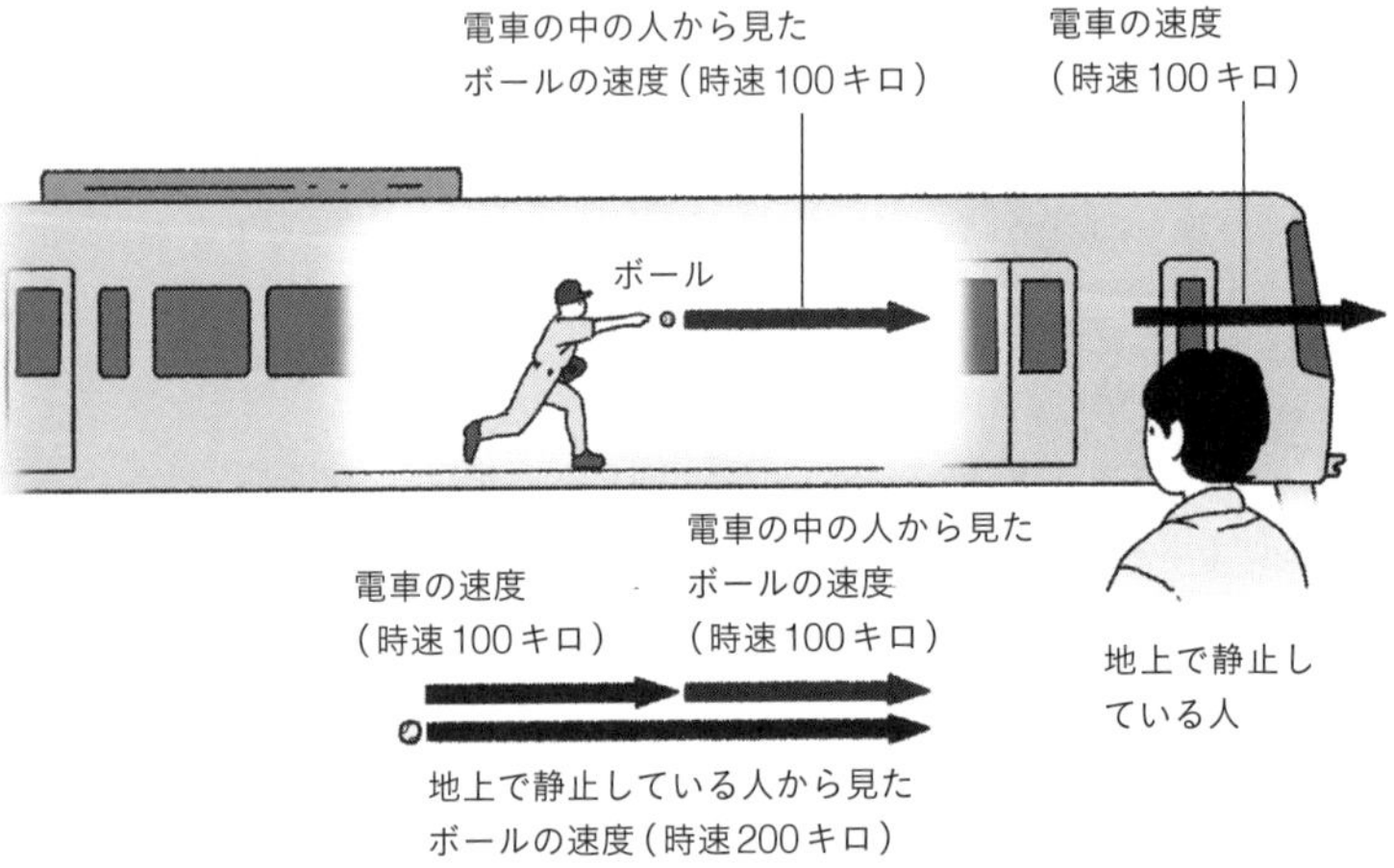

図2-11.　電車の中で、進行方向にボールを投げる

車に乗っている人が、その人から見て右に時速100キロでボールを投げました（図2－11）。さて、このボールは、電車の外で静止している人からはどのように見えるでしょうか？

外で静止している人からは、当然ボールの速さは時速100キロではありません。静止している人から見たボールの速度は、右向きに「時速200キロ」になります。ボールの右向き時速100キロと、電車の右向き時速100キロが足し合わされたわけです。プロの投手でも投げられない剛速球を、電車の中なら簡単に投げられるかもしれない、ということですね。

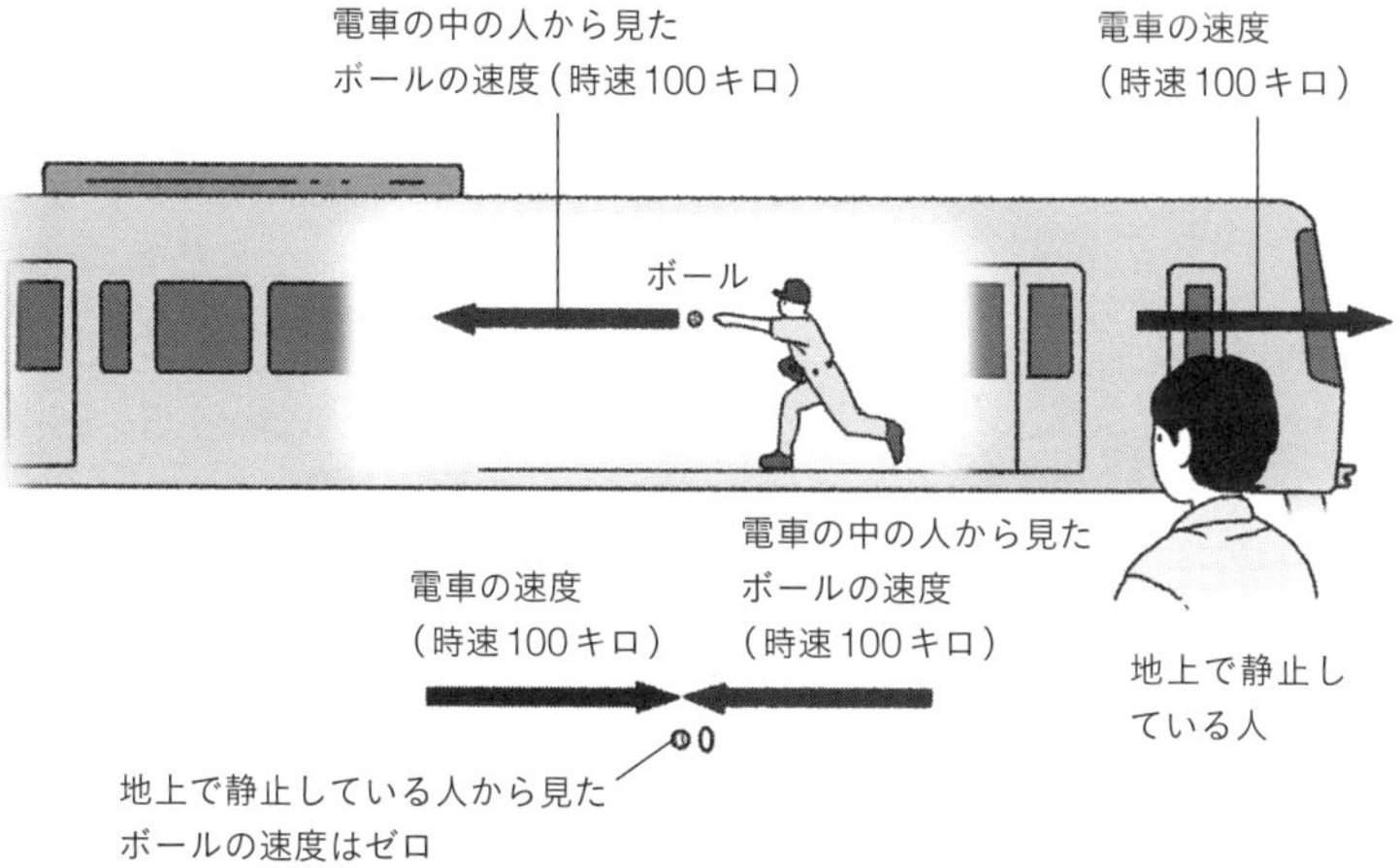

図2-12.　電車の中で、進行方向と逆方向にボールを投げる

では今度は電車の中の人が、進行方向と逆向きに時速100キロでボールを投げる場合を考えます。静止した人から見たボールの速度はどうなるでしょう（図2－12）？

この場合の答えは「静止している人から見たボールの速度はゼロ」です。より正確にいうと、重力によってその場で真下に落ちるように見えるはずです。電車の速度は右向きに速度100キロですので、ボールの速度は右向きにマイナス100キロとみなせます。両方の速度を足し算すると、電車の外の静止している人から見たボールの速度はゼロになるわけです。

電車の中の人と、外で静止した人でボールの速さがことなって見えるように、同じ物体の運動でも、その速度は観測者の立場によって変わります。つまり「相対的」なのです。

進んでいる船の上でもボールは真下に落ちる？

さらに物体の速度や運動について考えていきます。

次の状況を想像してみてください。一定の速度で進んでいる船の上にあなたは乗っています。この船の上で手にもったボールを足元に向かって落とすと、ボールはどこに落ちるでしょうか？

船が進んでいるので、足元よりも少し後ろに落ちると思う人もいるかもしれません。しかし、それはまちがいです。一定の速度で動いている船の上でも、ボールを落とせばちゃんと真下に落ちるのです（図2－13）。そうでないと、高速の新幹線や飛行機の中で物を落としたら、とんでもないことになってしまいます。

船の例でわかるように、静止している場所でも、一定の速度で動いている場所

図2-13.　一定の速度で動く船の上でも、ボールは真下に落ちる

（船の上）でも、そこでおきる物体の運動にはちがいはあらわれないのです。このような考えを「ガリレオの相対性原理」といいます。なお相対性理論ではなく相対性原理なので、注意してください。

相対性原理は、地動説をとなえるガリレオが天動説との論争の中で主張した考えです。地球が宇宙の中心だと考える天動説の支持者は「地球が動いているとしたら、球を落としても真下に落ちない」と主張しました。ところがガリレオは「地動説が正しくて地球が動いていても、地上で投げ上げた球は真下に落ちる」と主張したのです。

相対性原理は、アインシュタインの相

対性理論のベースとなる、非常に重要な原理です。この原理は、日常生活でも簡単に体験できます。たとえば、止まった状態でボールを真上に投げると、当然ながら真下に落ちて手元にもどってきます。次に、地上に対して同じ速さでまっすぐに走っている（等速直線運動をしている）新幹線の中で同じ実験を行ってみましょう。ボールは同じく真下に落ちて手元にもどってくるはずです。

このように、新幹線が一定の速度でゆれることなく進んでいれば、球は地上と同じように手元にもどります。つまり、球の運動は新幹線の中と静止した地上とでは、ちがいはないということです。これがガリレオの相対性原理です。

このガリレオの相対性原理は、ある人物によってさらに発展します。その人物こそアインシュタインです。

アインシュタインは、ガリレオの相対性原理に対して「運動の法則だけでなく、電磁気学を含むあらゆる物理法則が相対性原理を満たす」と考えました。すなわち「等速直線運動をしている場所では、すべての物理法則が静止した場所と同じように成り立つ」と考えたのです。これをアインシュタインの「特殊相対性原理」といいます。アインシュタインはこの相対性原理を土台に、やがて驚くべき結論にたどり着くのです。

宇宙に静止した場所はない

相対性原理にもとづいて考えると、まっすぐ同じ速度で進んでいるかぎり、新幹線の中は地上とまったく変わりはなく、静止しているのと同じです。一方、物の速度は相対的なものでしたから（47〜49ページ）、新幹線の中から見ると、地上のほうがものすごいスピードで後ろに進んで見えます。つまり、動いているか止まっているかはどうかは、見ている人の立場で変わるわけです。

「いやいや、新幹線と地上では、どう考えても地上が止まっていて、新幹線が猛スピードで動いているじゃないか」と思う方が多いでしょう。しかし、はたして本当に地上は静止しているのでしょうか？　ここで視点を宇宙に移して考えてみましょう。

地球は自転しています。ですから宇宙から見ると、地上で〝止まっている〟人たちも、実際は地球の自転とともに動いているはずです。

たとえば、東京にいる人（北緯約35度）は、地球の自転によって24時間で約3・3万キロメートルを1周しますから、時速1300キロメートル以上の猛烈な速さで動いていることになります。

では、静止した場所とはどこにあるのでしょう。たとえば太陽系の中心に鎮座する太陽はどうでしょうか？　太陽はどっしりと1点から動かないように思えます。しかし実際は天の川銀河の中の約2000億個の恒星の一つでしかありません。天の川銀河は回転しているため、太陽も地球などの惑星といっしょに、天の川銀河の中を約2億年かけて公転しています。

それなら、天の川銀河の中心は静止しているのでしょうか？　残念ながらそれもまちがいです。銀河は、重力によって別の銀河に引き寄せられるように動いていることが知られています。天の川銀河も例外ではなく、ほかの銀河に引き寄せられているのです。

さて、もうおわかりでしょう。実はこの宇宙に、だれから見ても絶対的に静止している場所などないのです。

かつて「ニュートン力学」を打ち立てたアイザック・ニュートンは、「宇宙には完全に静止した場所（座標）が存在する」と考えました。これを「絶対空間（座標）」といいます。絶対空間は、あらゆる物体の運動を考えるときの基準となるもので、絶対空間から見た物体の速さこそが、物体の真の速さだと考えられていたのです。

しかしアインシュタインは、「宇宙の中で静止した場所、つまり絶対空間を考えることには意味がない」と正反対のことを考えました。

地上と等速直線運動する新幹線の中では、どちらの場合も投げ上げた球は手元にもどります。地球も動いているわけですから、地上のほうを「静止している」として特別視する理由はないということです。

光の速さは、だれから見ても同じ

前置きがかなり長くなりましたが、第2章の最初に紹介したアインシュタインの疑問、「鏡をもって光の速さで飛んだら、顔は鏡に映るのだろうか？」について、あらためて考えなおしてみましょう。いよいよ答えにせまっていきます。

「光の速さで飛ぶ自分から見ると、光は止まって見えるはずなので顔は鏡に映らないだろう」、「自分が車に乗っているとき、同じ速度で走る別の車は止まって見えるので、これを光にあてはめれば、光も止まって見えるのではないか」。

このように「映らない」といった意見が多く聞こえてきそうですが、1905年、26歳のアインシュタインは最終的にそれとはことなる結論を出しました。つまり「光の速さで飛んだら、鏡に顔は映る」と考えたのです。いったいなぜそのような結論にいたったのでしょうか。

42～46ページで紹介したマクスウェルの電磁気学の理論では、真空中の光の速さは「一定の値（定数）」として理論的に導きだされました。つまり、光速はつねに秒速約30万キロメートルです。

一方、アインシュタインの相対性原理から考えると、静止している人でも、光速で飛んでいる人でも、どんな状況でもマクスウェルの理論は成り立つはずです。これは同じ光をどのような立場から見ても、だれから見ても光の速さは同じはず、ということになります。すなわち、観測する場所の速さや、光源の運動の速さに関係なく、光はつねに秒速30万キロメートルの速さで進むのです。これを

「光速度不変の原理」といいます。通常の物体は、観測する立場によって速さは変わります。しかし、光の場合、光源が移動している場合も、観測者が移動している場合も、だれにとっても必ずその速さは秒速約30万キロメートルになるのです（図2－14）。

この光速度不変の原理こそ、マクスウェルによる電磁気学の理論と、相対性原理からアインシュタインがたどりついた驚くべき結論です。鏡をもって高速で飛ぶ自分から見ても、やはり光は秒速30万キロメートルの速さで自分よりも先に進むので、鏡に自分の顔は映るのです。

通常の物体とはちがい、光は速度の足し算はできないのです。常識的に信じられないかもしれませんが、光速度不変の原理は実験的にも数多くの検証が行われており、正しいとみなされています。

自然界の最高速度は「光速」

光速度不変の原理とはどういうことなのか、具体的に考えてみましょう。

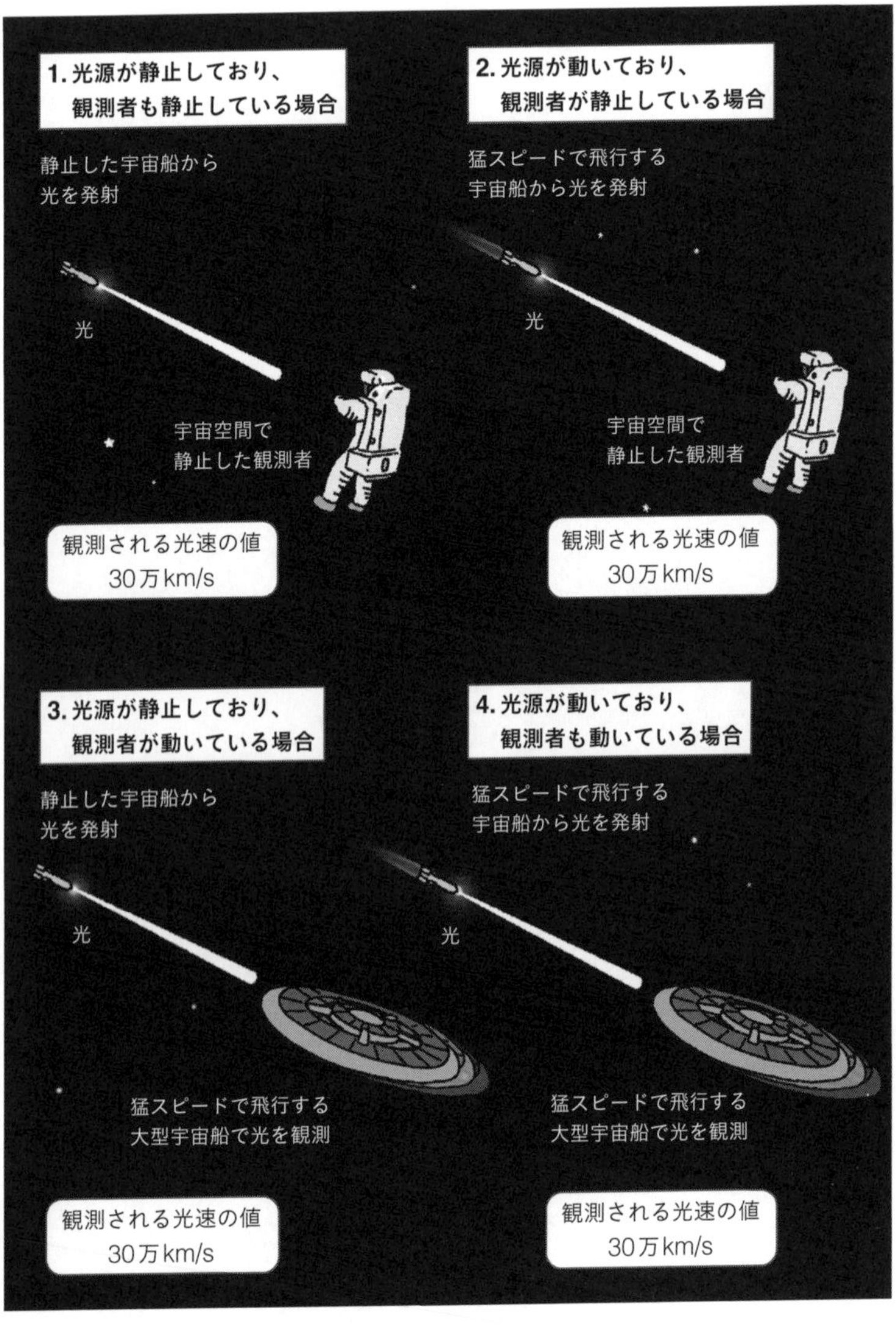

図2-14.　光速度不変の原理

まず、光ではなく普通の物体の場合はどうなるでしょうか。次のような状況を考えてみましょう。宇宙空間に静止しているアリスから見て、小惑星が秒速30キロで進んでいます。[※1] 一方ボブが乗っている宇宙船が同じ方向に秒速24キロで進んでいます。このとき宇宙船内のボブからから見ると、小惑星は秒速6キロ（＝秒速30キロ－秒速24キロ）で遠ざかっていくはずです。つまり1秒後には小惑星は宇宙船より6キロ先に進んでおり、2秒後には12キロ先に進んでいます（図2－15）。このように通常の物体の速度は、単純な足し算・引き算ができます。[※2]

今度は小惑星を光に置きかえて考えてみましょう。光速は秒速30万キロです。今度の宇宙船は、光と同じ方向に秒速24万キロ、つまり「光速の80％」で進んでいるとします。宇宙船内のボブから見ると、光はどのように見えるでしょうか？先ほどと同じように考えると、光は秒速6万キロで進むように見えそうです

※1　ここではアリスのほうを「宇宙空間で静止している」と表現しましたが、アリスが速度の絶対的な基準ではありません。速度に絶対的な基準はないのです。

※2　特殊相対性理論によると、小惑星の例で考えたような単純な速度の足し算・引き算ができるのは、物体の速度が光速とくらべて十分に遅いときだけです。光速に近づいてくると、別の形の式で計算する必要が出てきます。

ね。しかしアインシュタインの光速度不変の原理によると、不思議なことにボブから見た光の速度は、秒速6万キロ（＝秒速30キロ－秒速24キロ）にはなりません。先ほどのような足し算・引き算が成り立たず、ボブから見た光は秒速30万キロのままなのです。宇宙船が光速の99％で追いかけようと、光速の99・999％で追いかけようと、宇宙船から見て光はつねに秒速30万キロで遠ざかっていきます。

では宇宙空間で静止しているアリスから同じ光を見たら、どうなるでしょう？当然、光は静止しているアリスから見ても、秒速30万キロで進んでいます（図2－16）。とても奇妙に思えますが、これが光速度不変の原理がいっていることなのです。

さらに光速度不変の原理には、もう一つ非常に重要な意味があります。それは「光速は自然界の最高速度であり、何物も決して光速をこえることはできない」ということです。

先ほどの小惑星の例で考えてみましょう。宇宙船が徐々に速度を上げていけば、宇宙船内のボブから見て、小惑星は徐々に遅くなっていきます。最終的に宇宙船は小惑星の速度をこえ、小惑星を追い抜いてしまうでしょう。

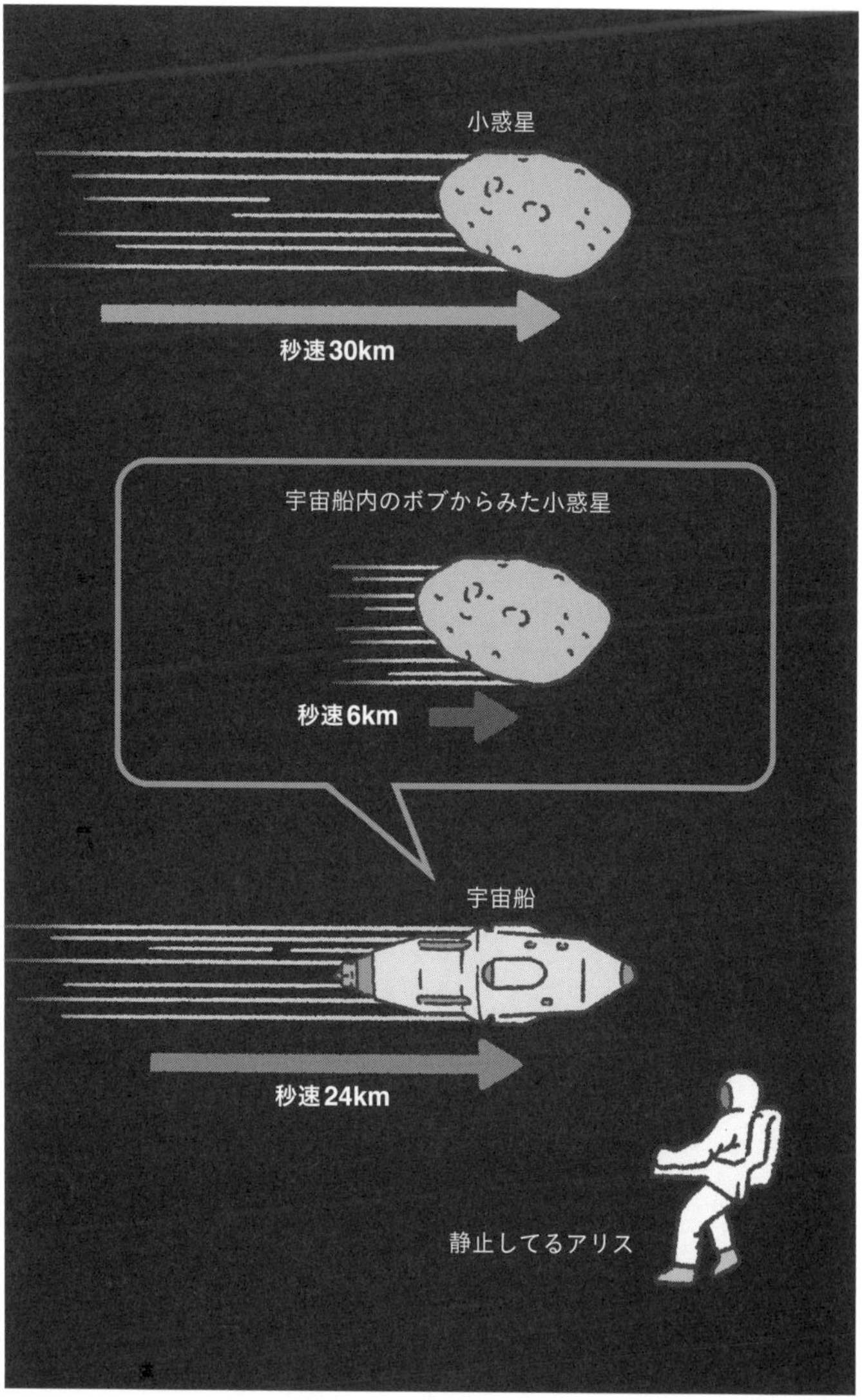

図2-15.　宇宙船のボブから見た小惑星は「秒速6キロ」

一方、光の場合はどんなに宇宙船が速度を上げても、光はつねに秒速30万キロで宇宙船から遠ざかっていきます。つまり、宇宙船が光速に追いつくことはできません。これは、あらゆるものは光の速度をこえることが不可能であること、すなわち光速は自然界の最高速度であることを意味しています。

アインシュタインの光速度不変の原理は、それまで考えられてきた速さの常識をくつがえすものでした。光の速さは普通の物体や音の速さとはちがい、「観測する場所の速さや光源の運動の速さに関係なく、つねに秒速30万キロメートルで一定」という、奇妙な性質をもっていたのです。

小学校で習ったように、「速さ」は、「進んだ距離÷かかった時間」で求められます。光速度不変の原理は、速さの常識をくつがえしただけでなく「距離（空間）」と「時間」の常識もくつがえすこととなったのです。

こうしてアインシュタインは、この光速度不変の原理をベースに、時間と空間の理論である特殊相対性理論を打ち立てました。第3章では、いよいよ特殊相対性理論にせまっていきましょう。

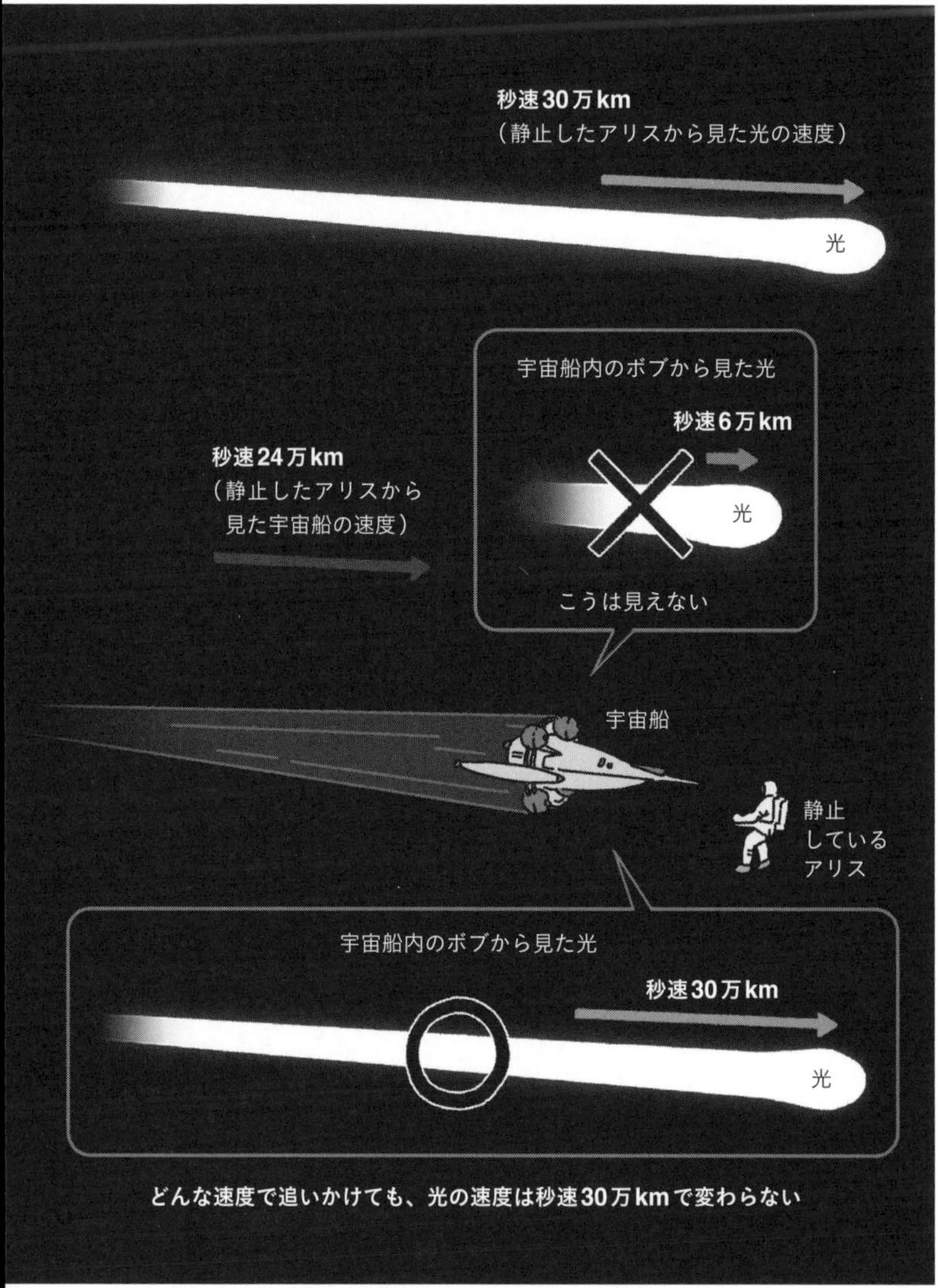

図2-16.　宇宙船のボブから見た光は「秒速30万キロ」

第3章

時間と空間は伸び縮みする！

～特殊相対性理論～

アインシュタインが否定したニュートンの絶対空間

アインシュタインは光速度不変の原理を土台として、一つ目の相対性理論である「特殊相対性理論」にたどりつきました。

特殊相対性理論は、時間と空間についてのそれまでの常識をくつがえす理論です。アインシュタイン以前は、「絶対時間」と「絶対空間」という考えが一般的な常識でした。

絶対時間と絶対空間は、1687年に刊行されたアイザック・ニュートンの著書『プリンキピア』(自然哲学の数学的諸原理)の中でとなえられた考え方です。プリンキピアは、地上の石ころや砲弾から天空の惑星にいたるまで、あらゆる物体の運動の法則を解き明かした書物です。前述した速さの足し算・引き算も、プリンキピアにまとめられたニュートン力学にもとづいています。

まず、絶対時間とは、「何ものにも影響されず、あらゆる場所で一様の速さで流れる時間」を意味します。簡単にいえば、宇宙のいかなる場所に時計をもっていっても、時をきざむペースはいつでもどこでも同じということです。宇宙のどこにいても、だれにとっても、1秒は同じ1秒なのです。

一方、絶対空間とは「何ものにも影響されず、つねに静止している空間」を意味します。絶対空間の考え方によると、宇宙のいかなる場所でも、空間の中の長さ（たとえば1メートルの長さ）は、つねに同じです。

1メートルの長さが誰にとっても同じというのは、いくらなんでも当たり前すぎる、と思う方も多いでしょう。また自分にとっての1秒の進み方と、他人にとっての1秒の進み方がちがうなどとは、あまり考えないと思います。

ニュートンがとなえたように、時間の進み方や空間の中の長さは、いつだれにとっても等しいという考え方が、アインシュタイン以前の物理学者にとっても常識でした。200年以上にわたり、ニュートンの理論が正しいとだれもが信じきっていたのです。

ところが、アインシュタインは特殊相対性理論によって、この時間と空間についての常識をくつがえします。ニュートンの理論では、時間の進み方や空間の中の長さはだれにとっても等しい絶対的なものでした。しかしアインシュタインの特殊相対性理論では、だれにとっても等しい絶対的なものは「光速」であり、時間の進み方や空間の中の長さは「相対的なもの」だと説明したのです。

ここまで紹介してきたように、「相対的」とはだれか（何か）と比較することではじめて決まる、という意味です。つまり、時間の進み方や空間の中の長さはくらべる人や物に応じて伸び縮みする、ということです。

いったいなぜ光速度不変の原理から、そのような一見とんでもない理論が出来上がったのでしょうか。

高速で動く人は時間が遅れる

特殊相対性理論によれば、空間の長さや時間の進み方は人によってちがいます。なんと止まっている人から見ると、速く動く人の長さは縮み、時間は遅れるのです。図3－1に、高速で飛ぶ宇宙船の時間の遅れと、空間の縮みの効果をまとめました。いったいなぜ、このようなことがおこるのでしょうか。少しややこしいかもしれませんが、はじめに、なぜ「時間の進み方」が立場で変わるのか、

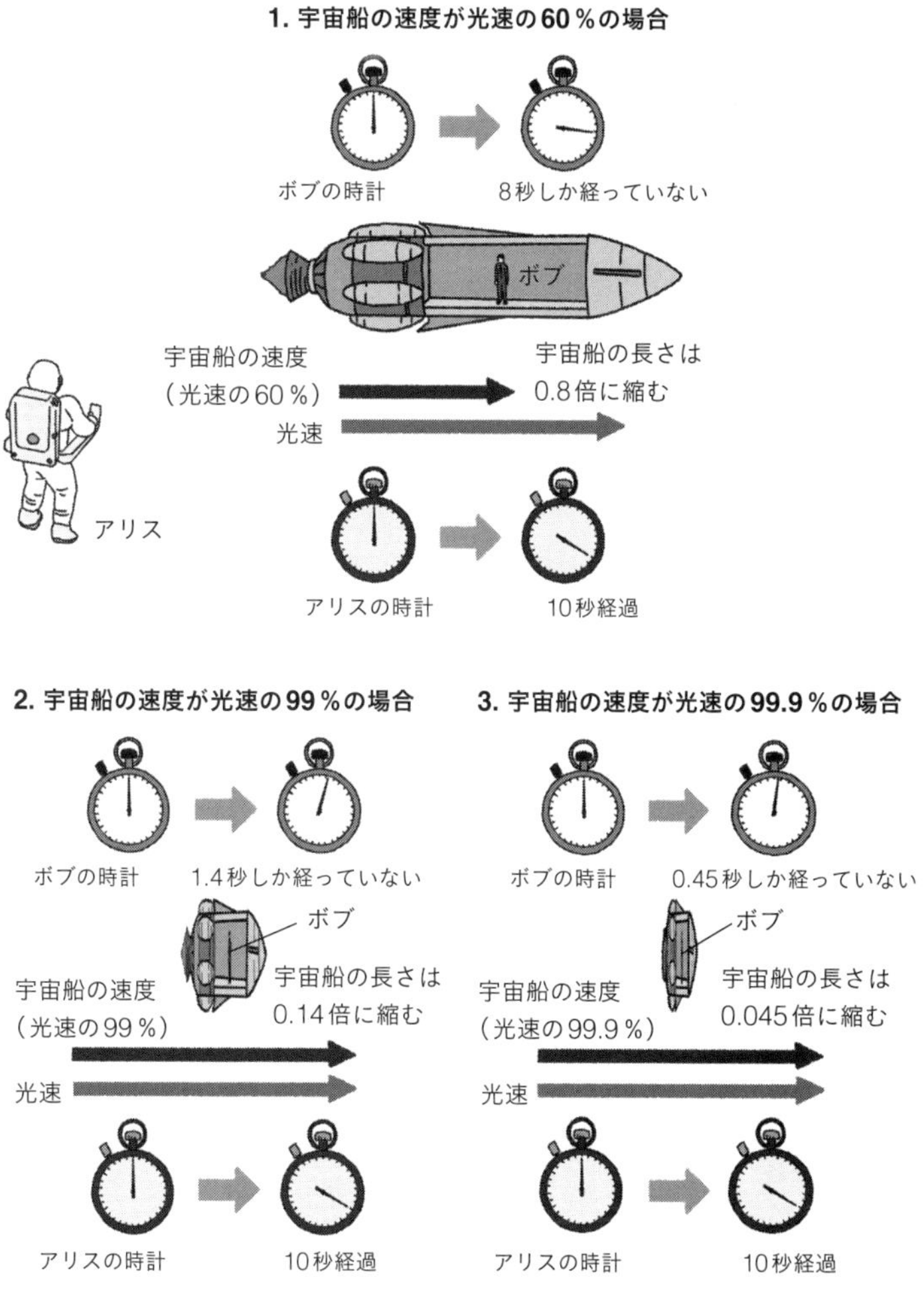

図3-1.　高速で飛ぶ宇宙船の時間の遅れと、空間の縮み

宇宙空間で静止しているアリスから見て，運動している宇宙船の中にいるボブの時計と宇宙船の長さが，どのように見えるかをあらわしました。宇宙船の速度が光速の60％の場合，光速の99％の場合，光速の99.9％の場合です。

例をあげて考えていきましょう。

まず、月面にアリスがいます。このアリスから見て秒速24万キロメートル（光速の80％）で、ボブが乗った宇宙船が右に飛んでいます。このとき、月面上と宇宙船の中には「光時計」という時計がそれぞれ置かれていることとします（図3−2）。

光時計とは、上部と下部に鏡があり、その間を光が行ったり来たりすることで時間をはかる装置です。下部の鏡には光源がついており、ここから光が放たれます。

光時計は高さ約30万キロメートル（正確には29万9792・458キロメートル）の筒で、この筒の中を光が上下します。光はつねに1秒間に約30万キロメートルの距離を進むことから、光時計の下にある光源から出た光が上の鏡に到達したとき、ちょうど1秒が経過したことを意味するのです（図3−3）。

光時計については、砂時計をイメージするとわかりやすいかもしれません。1分をはかる砂時計は、容器内に1分ですべて落ちる量の砂が入っていて、その砂がすべて落ちることで時間をはかります。それと同じように、光時計は光の進行

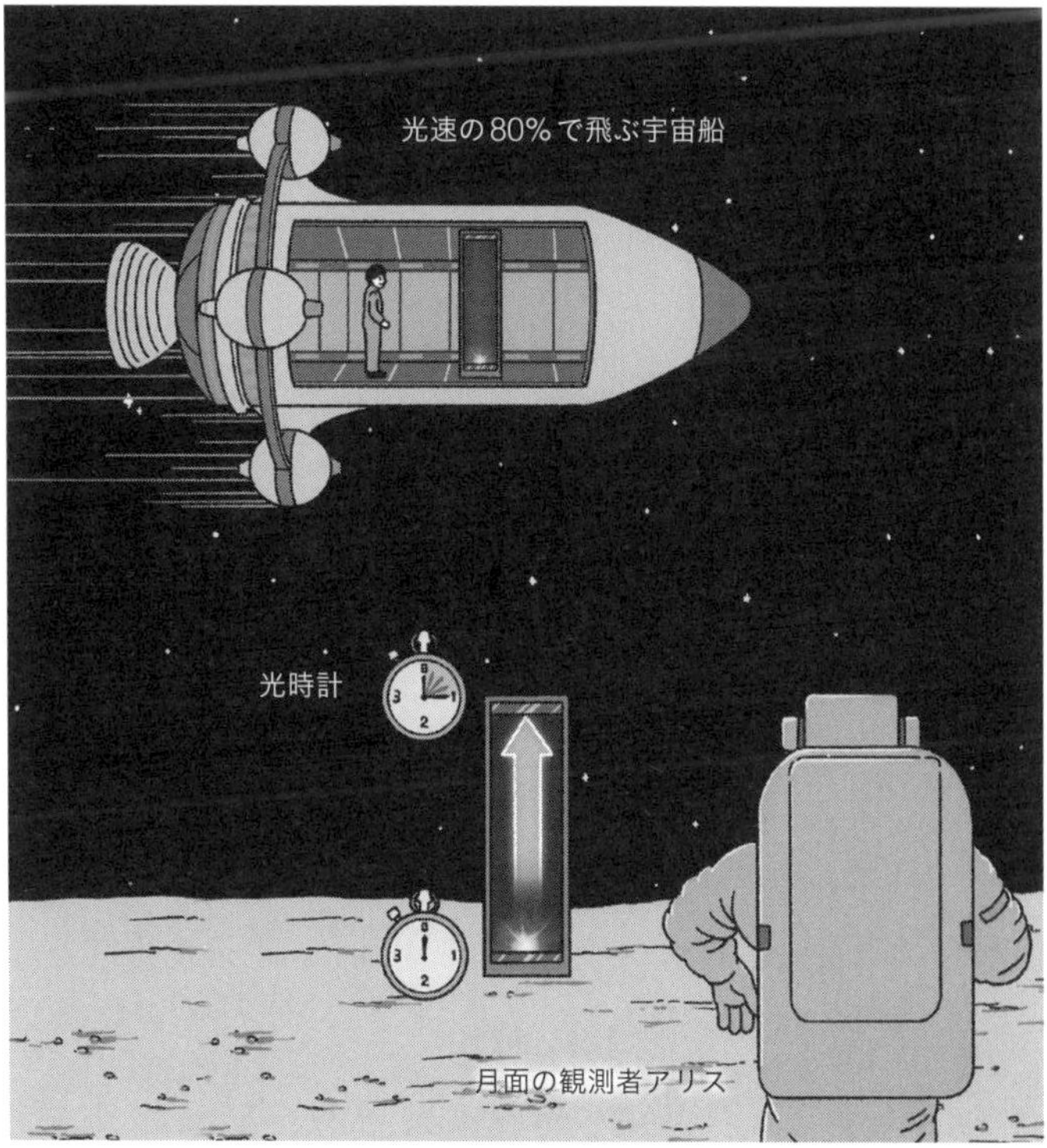

図3-2.　光速の80％で飛ぶ宇宙船と、月面の観測者アリス

宇宙船の中と月面上には、光で時間をはかる装置「光時計」がそれぞれ置かれている。

によって時間をはかるのです。

約30万キロメートルの筒が、宇宙船の中に入るわけがない、と思う方がほとんどでしょう。しかし光時計は、あくまで時間の遅れについての思考実験をするうえで考えだされた想像の産物です。イラストでも、わかりやすくするた

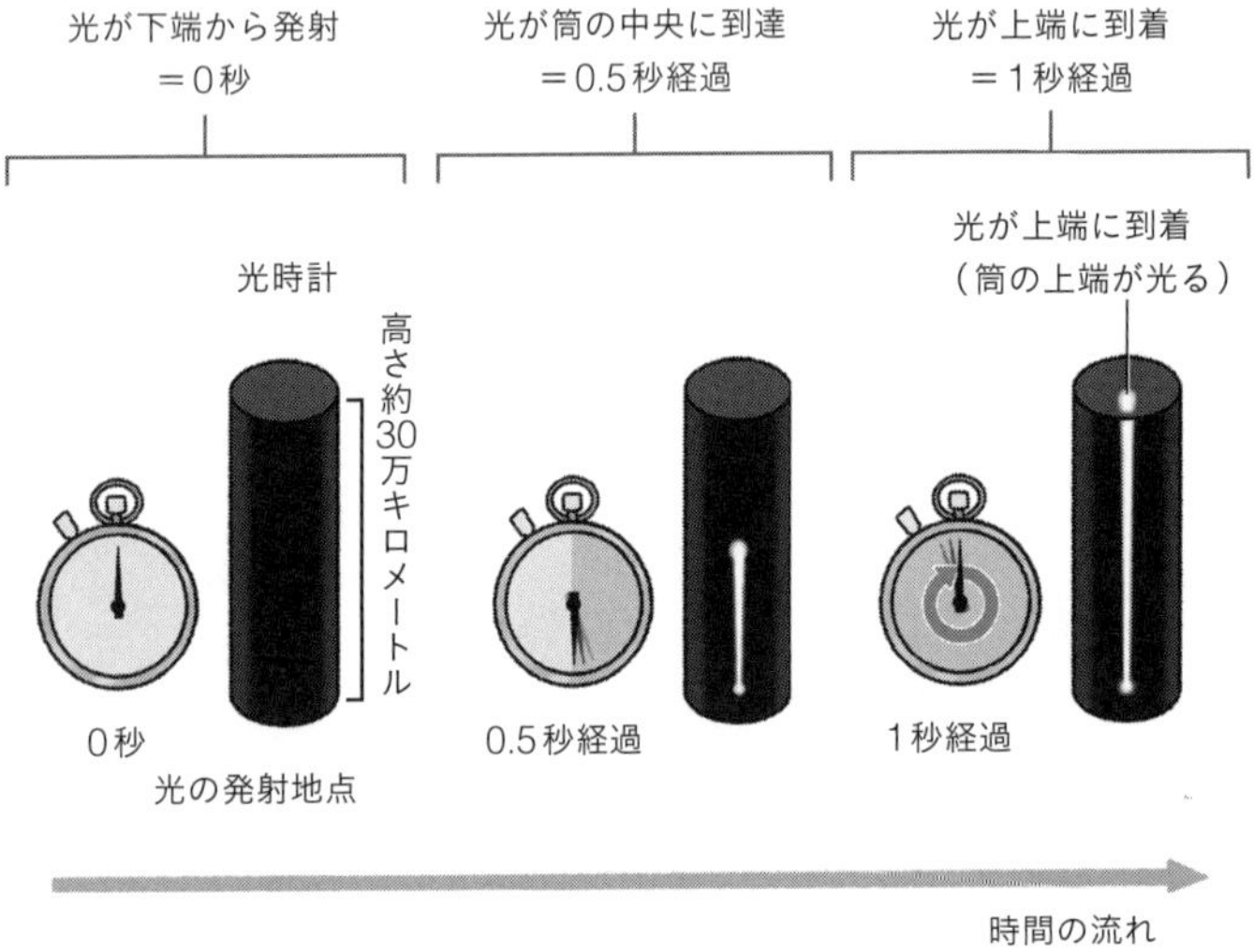

図3-3. 「光時計」による時間のはかり方

めに高さを省略しています。つまりは〝空想上の実験装置〟というわけです。

話をもどし、まずは宇宙船の中のボブが見る船内の光時計について考えてみましょう。第2章で紹介した相対性原理によると、一定の速度で進んでいる宇宙船の内部は、静止しているのと変わりません。ですから光源から出た光はまっすぐ上に向かいます。上に進む速さは、光速度不変の原理により、秒速30万キロメートルです。このときボブにとっては、自分のまわりの時間の流れがいつもと変わることはありません（図

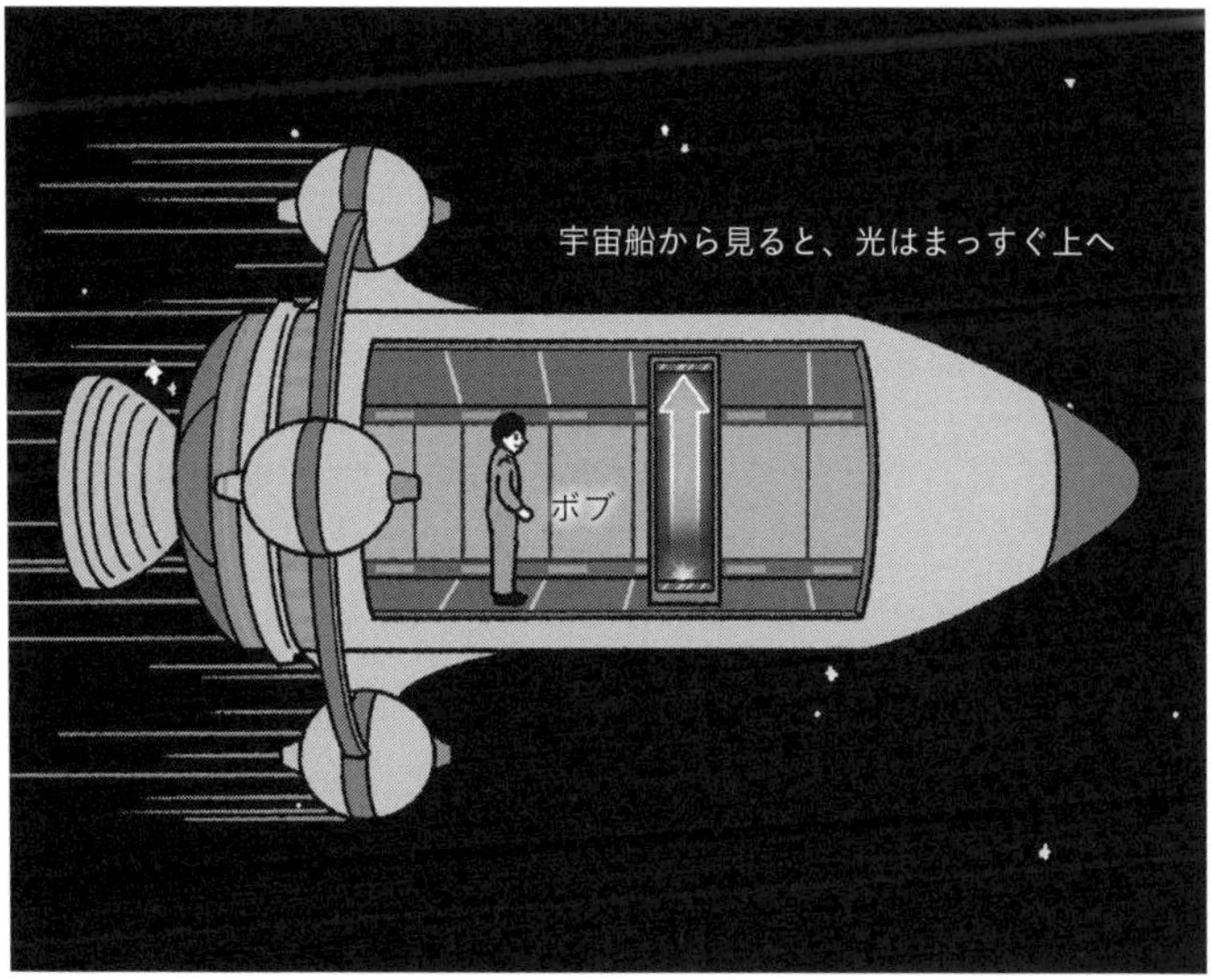

図3-4.　宇宙船から見ると、光はまっすぐ上へ行く

3－4）。

ところが、宇宙船内のボブを月面上の観測者アリスから見ると状況が変わります。なんと「時間の遅れ」が生じるのです。

アリスとボブが同時に光時計をスタートさせたとしましょう。月面上のアリスの光時計で1秒が経過したときに、アリスが宇宙船内のボブの光時計を見ます。

するとなんと、ボブの時計ではまだ1秒が経過していないのです。つまりアリスの時間にくらべ、宇宙船内の時間は遅れていることになるのです。

いったいなぜ、このようなことがおこるのでしょうか。宇宙船内では光時計から出た光は、まっすぐ上に進むはずでしたね。しかし宇宙船は右に進んでいるわけですから、この光時計の光をアリスから見ると、右斜め上に進むように見えるはずです。

ここで光速度不変の原理を考えましょう。すると、アリスから見た宇宙船内の光時計から出た光は、秒速30万キロメートルの速さで右斜め上に進んでいることになります。一方、宇宙船内のボブにとっては、この光時計の光は秒速30万キロメートルでまっすぐ上に進んでいるはずです。なにやら妙だと思いませんか？

ここで図3－5を見てください。アリスから見たときに光が進むはずの斜めの軌跡は、明らかに光時計の高さよりも長いことがわかります。

月面のアリスの光時計の光は、宇宙船内の光時計の光と同じ速さで進みますから、月面の光時計の光が上の鏡に到達し、1秒の時をきざんだ瞬間には、宇宙船内の光時計の光は上の鏡に達していないはずです。宇宙船内の光時計の光は、斜めに進む分、より長い距離を進まないといけないのですから。

そのためアリスから見ると、月面の光時計よりも遅れて、宇宙船内の光時計の光は上の鏡に達するはずなのです。

つまり、上の鏡に光が達する瞬間が宇宙船における1秒となるので、月面のアリスからすれば、宇宙船の1秒は月面の1秒よりも長いのです。すなわち月面から見ると、宇宙船内の時間は遅れている、ということになります。

このように特殊相対性理論による時間の遅れとは、「光速に近い速度で運動する物体の時間は、外から見ると遅れる」ということなのです。

非常に奇妙な結論ですが、これが相対性原理と光速度不変の原理から自然に導かれる答えです。この二つの原理が成り立つように、宇宙が時間の流れを遅くすることでつじつまを合わせている、といってもよいかもしれません。

時間の流れは、宇宙船の速さが光速に近づくほど、どんどん遅くなっていきます。

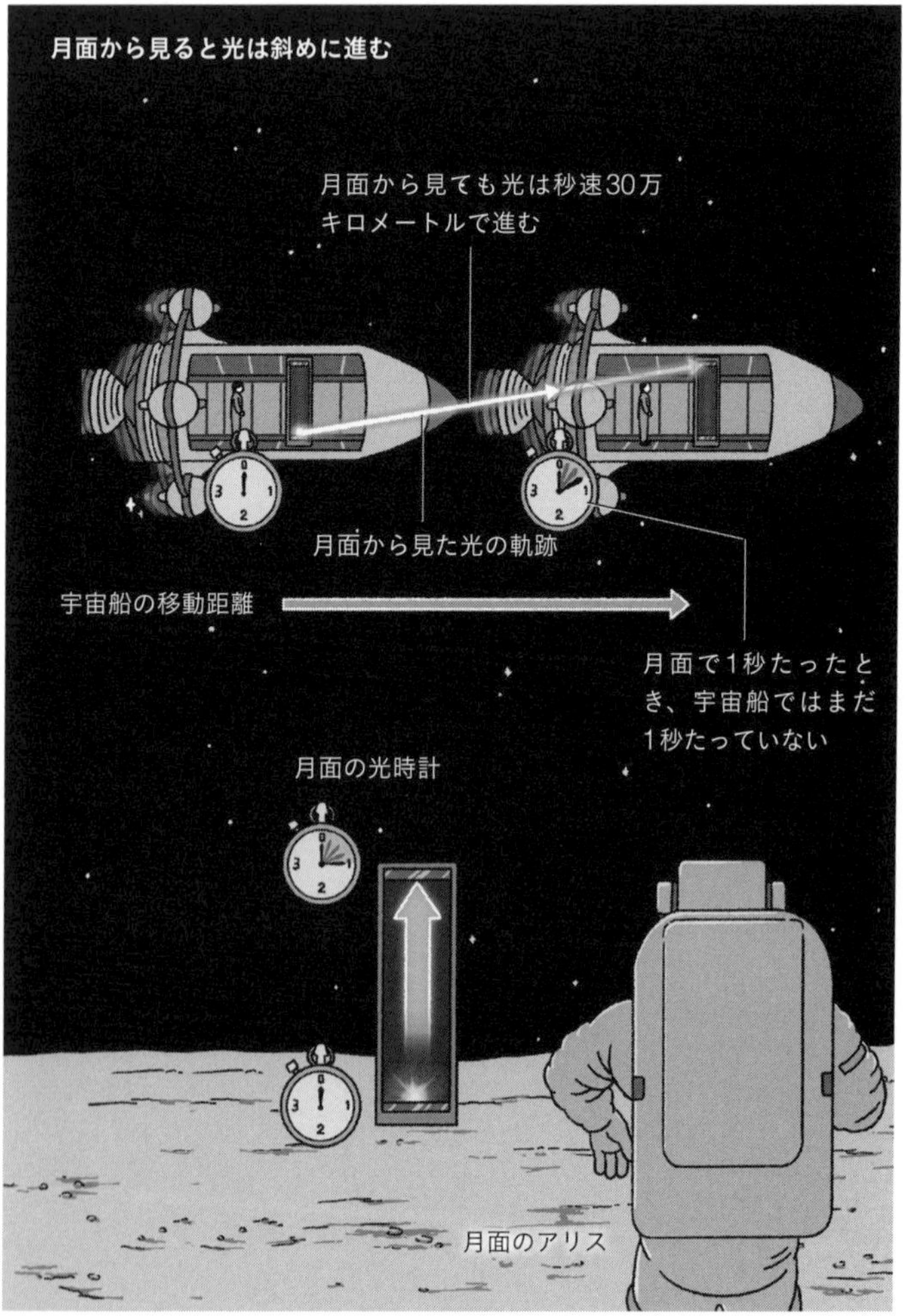

図3-5.　月面のアリスと宇宙船内のボブの、時間の流れのちがい

月面から見ると、宇宙船内の光時計の光は斜めに進まなければならず、進む距離が伸びる。そのため月面の光時計で1秒経過したときに、月面から見ると宇宙船内の光時計はまだ1秒経過していないことになる。

時間の遅れはおたがいさま

今度は、視点を変えて考えてみましょう。宇宙船内のボブの視点で月面のアリスを見るとどうなると思いますか？　アリスから見ると、宇宙船内のボブの時間は進みが遅くなるのでした。そのため、ボブから見ると月面のアリスの時間が先に進んで見えるだろうと考えるかもしれません。しかし、実際はそのような結果にはなりません。

第2章で説明した通り、どちらが動いているのかということは、常に相対的なものでした。つまりボブからすれば、動いているのは月面のアリスのほうなのです。

先ほど月面のアリスの視点から宇宙船内の時間の遅れを説明しましたが、それとまったく同じしくみで、ボブからすれば月面の時間のほうが遅れているのです（図3－6）。

光速の80％で飛んでいたのはボブのほうだから、アリスは少なくともそんなに

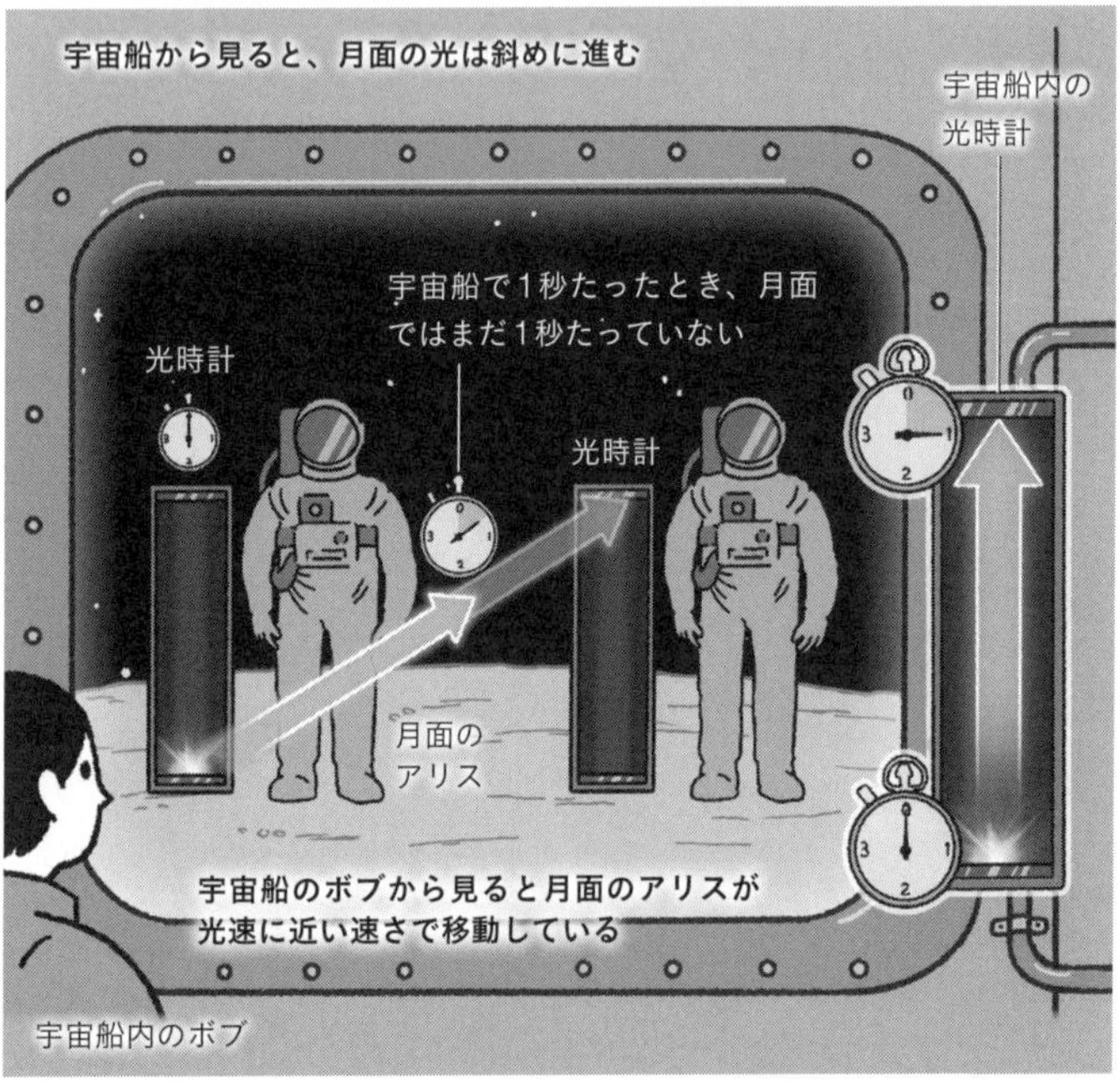
宇宙船から見ると、月面の光は斜めに進む
宇宙船内の
光時計
宇宙船で１秒たったとき、月面
ではまだ１秒たっていない
光時計
光時計
月面の
アリス
宇宙船のボブから見ると月面のアリスが
光速に近い速さで移動している
宇宙船内のボブ

図3-6.　ボブにとっては月面の時間のほうが遅れている

宇宙船内から見ると、月面の光時計の光は斜めに進まなければならず、進む距離が伸びる。そのため宇宙船内の光時計で１秒経過したときに、宇宙船内から見ると月面の光時計はまだ１秒経過していないことになる。

速い速度で動いていない、と思う方も多いと思います。しかし相対性原理では、加速も減速もしない「等速直線運動」をする二人の観測者のうち、どちらが本当に運動しているかを決めることはできません。

あくまで等速直線運動は〝おたがいさま〟。アリスにとってもボブにとっても

「相手の時計の進み方が遅い」という主張はどちらも正しく、時間の遅れもおたがいさまなのです。

常識的な速度の足し算はまちがっている？

第2章で、時速100キロで走る電車の中で時速100キロのボールを進行方向へ投げると、外の人には100＋100で時速200キロに見える、つまり速さは足し算で求められるというお話をしました。しかし特殊相対性理論によると、単純な速さの足し算は成り立ちません。秒速20万キロメートル（光速の約67％）で月の上空を飛ぶ母船を例にあげて考えてみましょう。

母船の先端の光源から光が出るとします。この光は、母船内の人から見ると、秒速30万キロメートルで母船の前方に進みます。また光速度不変の原理により、月面の人から見ても、同じ光は秒速30万キロメートルで進んで見えます。

月面から見える光の速さを常識的な足し算で考えると、秒速20万キロメートル（母船の速さ）＋秒速30万キロメートル（光の速さ）＝秒速50万キロメートルになりそうなものですが、実際にそうなることはありません。光速度不変の原理があるため、光には常識的な速さの足し算は通用しないのです。

このように速さの足し算ができないのは、実は光に限ったことではありません。普通の物体でも、そうなのです。秒速20万キロメートルで右に飛ぶ母船の中の滑走路から、秒速20万キロメートルの速さで宇宙船が右向きに発進するとします。月面からは、母船から発射する宇宙船の速さはどのように見えるでしょうか（図3－7）。

常識的な速さの足し算で考えると、秒速20万キロメートル（母船の速さ）＋秒速20万キロメートル（宇宙船の速さ）＝秒速40万キロメートルとなりそうなものです。しかし第2章で説明した通り、光速は自然界の最高速度で、何ものであろうとも秒速30万キロメートルをこえることはできません。特殊相対性理論によると、母船から発射した宇宙船の速さは、秒速40万キロメートルではなく、秒速27・7万キロメートルにしかなりません。

なぜ通常の足し算で正しい速さを出せないのでしょう。その理由は、〝立場のちがう時間や距離〟をもとにした速さを足していたためです。

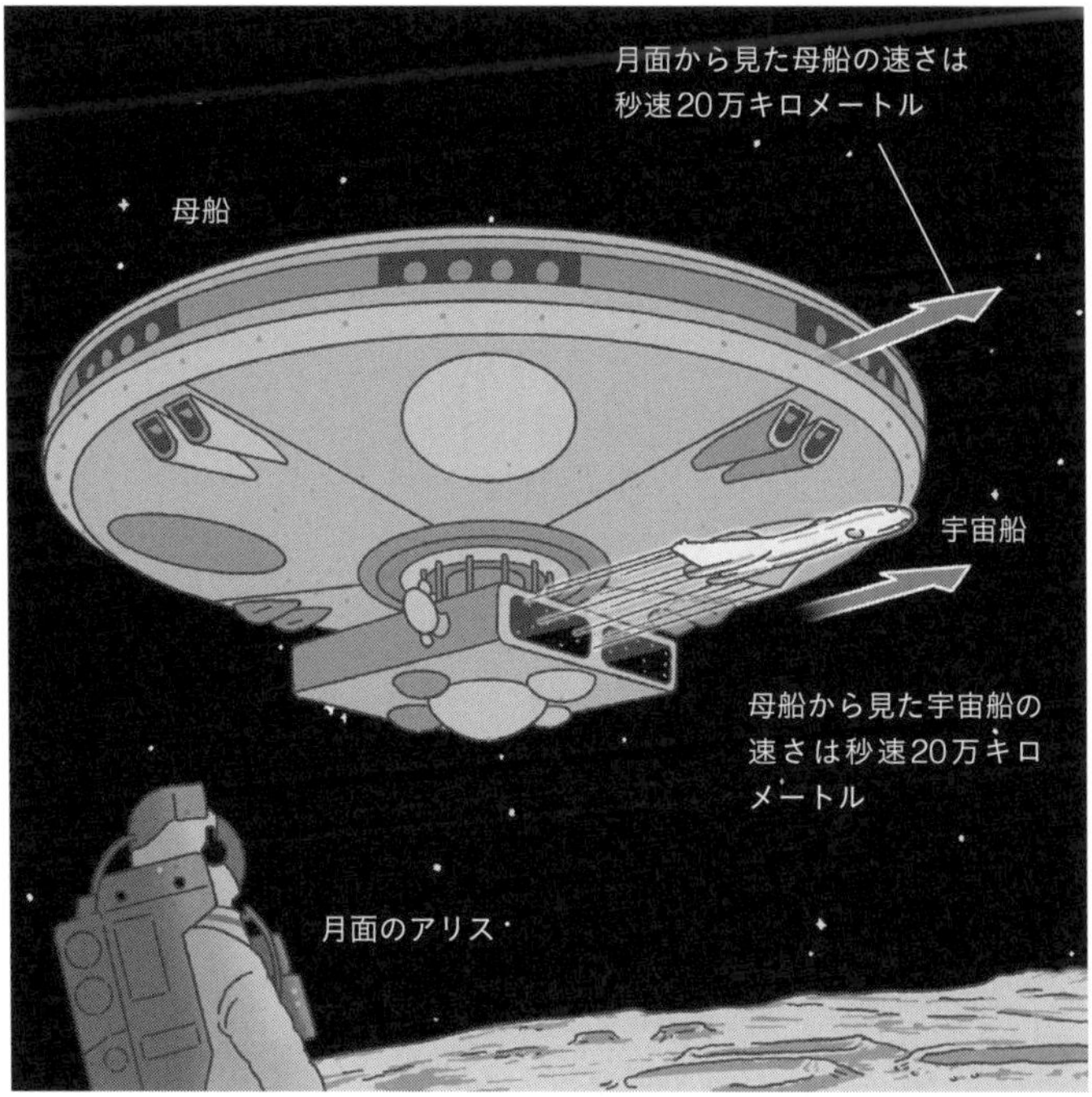
月面から見た母船の速さは
秒速20万キロメートル
母船
宇宙船
母船から見た宇宙船の
速さは秒速20万キロ
メートル
月面のアリス

図3-7. 秒速20万キロの母船から、秒速20万キロの宇宙船が発進

時間や距離は観測者によって変わるため、通常の速さの足し算（秒速20万キロ＋秒速20万キロ）では正しい速さを求められない。

特殊相対性理論によると、時間や距離は観測者によって変わります。そのため、「月面から見た」母船の速さである秒速20万キロメートルと、「母船から見た」宇宙船の速さである秒速20万キロメートルを単純に足し算しても、正しい答えは導けません。この計算はあたかも「20ドル＋20円＝40ドル」

という計算をするようなものです。月面から見える正しい速さを知りたい場合は、月面から見た時間と距離であらためて考え直したうえで、計算しなくてはならないのです。

ではなぜ、第2章で紹介したボールの速さは、単なる速度の足し算でうまく計算できたのでしょうか？

それは、電車もボールも光速にくらべると非常に遅いためです。光速よりもはるかに遅ければ、単純な足し算で計算してもほとんど誤差はありません。しかし光速に近づくにつれ、単純な足し算からのずれが徐々に大きくなっていくのです。

つまり日常で体験するような速度なら、普通の足し算でまず問題はありません。

高速で動くと空間が縮む

ここまでは高速で動いたときにおきる時間の遅れについて紹介しました。ここからは、高速で動くと「空間」が縮む、ということについてお話をします。「爆発せまる！　1年後に1・3光年先の母船まで帰り着くことができるのか!?」という次のストーリーを考えてみましょう。

科学者のチャーリーたちは、とある惑星の調査をするために、母船から発射された宇宙船に乗って惑星に向かっています。宇宙船は母船から見て1・3光年の距離にいます。チャーリーたちが乗った宇宙船は順調に宇宙を航行していましたが、なんと宇宙船には1年後に爆発する時限爆弾がしかけられていることが突然判明しました！　しかもこの時限爆弾は特殊で、母船でしか解除できません。宇宙船はなんとしても母船に帰らないといけませんが、宇宙船は光速の80％でしか飛べません。1・3光年という距離は光でさえ1年では到達できません。はたして宇宙船は、爆弾が爆発するまでの1年で母船にたどり着けるのでしょうか？　それとも木っ端微塵に爆発して宇宙のちりとなってしまうのでしょうか。

なお、このストーリーに出てくる光年とは、距離の長さの単位です。1光年は光が1年で進む距離で、約9兆4600億キロメートルです。

普通に考えると、宇宙船は光速の80％で飛んでいるわけですから、1年で

0・8光年の距離しか進めなさそうです。1・3光年先の母船にはたどりつけず、宇宙船は爆発してしまいそうですね。

しかし、宇宙船が間に合わずに爆発する、というのは特殊相対性理論にもとづいて考えると誤りです。このストーリーにおいて鍵となるのは〝だれから見るか〟です。1・3光年先というのは母船から見た距離であり、時限爆弾が爆発するのは、宇宙船にとっての1年後です。これらをふまえて、まずは母船の立場で考えてみましょう。

宇宙船は光速に近い速さで飛ぶので、母船から見ると宇宙船の時間の進み方は遅くなります。特殊相対性理論にもとづいて計算すると、母船の1秒に対して宇宙船では0・6秒しか進まないことになります。

すると宇宙船にとっての1年は、母船にとっての約1・67年（1÷0.6）に相当します。宇宙船が光速の80％で1・67年飛べば、到達距離は「1・67×0・8」で約1・33光年（距離）となります。つまり爆発前に無事母船に到着できるというわけです。母船の立場で考えると、宇宙船の時間の遅れのために爆発は免れました。

今度は宇宙船の立場でこのストーリーを考えてみましょう。宇宙船から見ると母船が光速の80％で近づいてくることになります。1年間に母船が接近する距離は0・8光年（1÷0.8）です。これでは、爆発に間に合いそうにありません。母船の立場で考えると間に合ったのに宇宙船の立場で考えると間に合わない。これでは矛盾してしまいます。

ここで、特殊相対性理論のもう一つの側面があらわれます。先に触れたように、高速で移動する物体の周囲の空間は縮むのです。

このストーリーに関していえば、母船にとっての1・3光年の距離は、光速の80％で飛ぶ宇宙船からすると0・6倍に縮みます。その結果、宇宙船の立場で考えると、母船までの距離は0・78光年（1.3×0.6＝0.78）に縮まります。1年間で母船は0・8光年の距離を近づけるわけですから、宇宙船は爆発前に母船に到着できるのです。つまり、母船目線で考えても宇宙船目線で考えても爆発はしない、ということになります。

このように光速に近い速さで運動すると、光速に近づけば近づくほど、周囲の空間（長さ）はどんどん縮んでいくのです。このような特殊相対性理論の効果によ

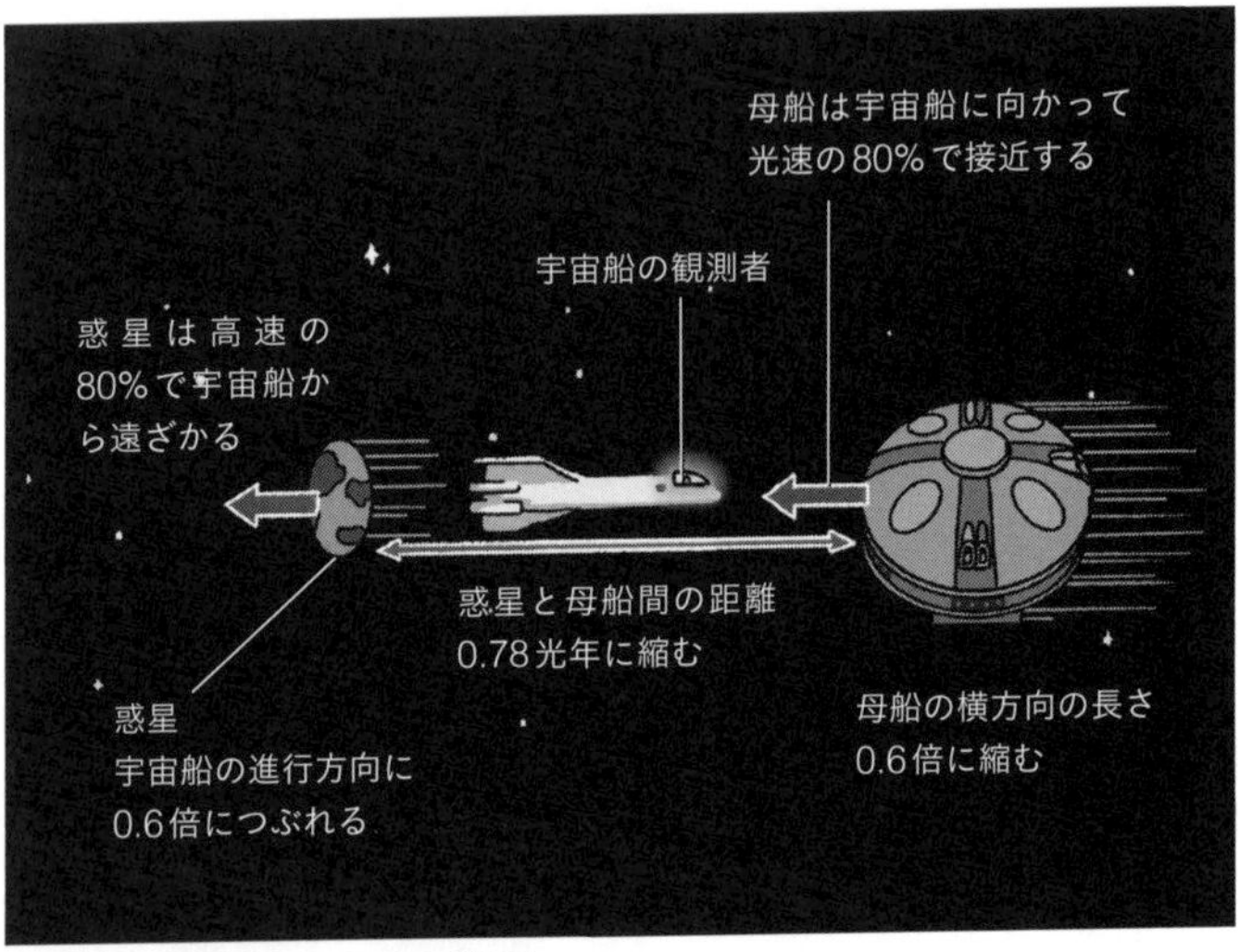
母船は宇宙船に向かって
光速の80%で接近する
宇宙船の観測者
惑星は高速の
80%で宇宙船か
ら遠ざかる
惑星と母船間の距離
0.78光年に縮む
母船の横方向の長さ
0.6倍に縮む
惑星
宇宙船の進行方向に
0.6倍につぶれる

図3-8.　宇宙船から見た世界

自分以外の周囲全体が0・6倍に縮む。

る空間の縮みは「ローレンツ収縮」とよばれています。

ちなみに宇宙船から見ると、自分以外の宇宙全体が前からうしろへ高速で移動していくことになります。そのため、母船までの距離が0・6倍に縮むだけでなく、母船の長さも、後方にある惑星も0・6倍に縮みます。つまり、自分以外の周囲全体が0・6倍に縮んでしまうのです（図3－8）。

では、母船の立場で考えると、空間は縮まないのでしょうか。母船から見ると、宇宙船だけが光速の80％で飛んでいます。ですから宇宙船の長さだけが0・6倍に縮みます。つまり、母船と宇宙船、どちらの空間も縮むということです。

なお、空間の縮みは運動の方向だけでおこります。ですので速度の向きを横方向だとすると、縦方向の空間が縮むことはありません。今回の例でいえば、宇宙船や母船は横方向に縮みますが上下につぶれることはないということです。

空間の縮みを利用すれば、宇宙の彼方へいける

さて、ここまで説明してきた空間の縮みを利用すれば、私たちははるか遠くの宇宙へ到達することもできるかもしれません。

たとえば私たちが住む天の川銀河と、となりのアンドロメダ銀河までの距離は約230万光年あります。自然界の最高速度である光速でも230万年もかかる距離です。しかし相対性理論にもとづく空間の縮みを利用すれば、アンドロメダ銀河に到達することも可能なのです。

図3−9に宇宙船の速さと、空間の縮み、そして100年で到達可能な距離

地球から見た宇宙船の速さ	宇宙船から見た空間の縮み	宇宙船が100年で到達可能な距離（地球から見た場合の距離）
光速の99％	元の長さの0.14倍	約700光年
光速の99.9％	元の長さの0.045倍	約2200光年
光速の99.99％	元の長さの0.014倍	約7100光年
光速の99.999999％	元の長さの0.00014倍	約71万光年
光速の99.9999999999％	元の長さの0.0000014倍	約7100万光年

図3-9.　宇宙船が100年で到達可能な距離

をまとめました。もし光速に近い速度で進む宇宙船があれば、宇宙船の中の人にとっては空間が縮みます。そして宇宙船が十分に速ければ、100年でアンドロメダ銀河までの230万光年という距離よりもっと遠くまで進むこともありえるというわけです（図3－9）。

光速に限りなく近づくことができれば、原理的にはいくらでも遠くに到達することができます。光速に近い速度で進める宇宙船の建造など、技術の観点でいうと非現実的ですが、少なくとも原理的にはどこまでも到達できると思うと、何だか夢が広がりますね。

粒子は空間の縮みを体験する

前述した宇宙船と母船の例は空想上のお話でしたが、特殊相対性理論による空間の縮みを実際に〝体験〟している存在があります。上空数百メートル～10数キロメートルで発生し、地上に降り注いでいる「ミューオン」という粒子です。

宇宙から地球へは「宇宙線」とよばれる粒子が猛スピードで降り注いでいます。宇宙線は大気圏に入ると、窒素分子などの大気の分子と衝突します。ミューオンは宇宙線と大気の分子が衝突するときに発生する粒子です。このときミューオンの飛びだす速度は非常に速く、光速に近いです。そのため、ミューオンにとっては周囲の空間が縮むことになります。

たとえば光速の約99％で飛ぶミューオンを考えてみましょう。ミューオンには本来、100万分の2秒ほどの寿命しかなく、それ以上の時間がたつと崩壊してしまいます。

単純に考えると、ミューオンの寿命が尽きる前に到達できる距離は30万キロメートル×0・99×100万分の2秒で、約0・6キロメートルという計算になります。この計算によると壊れてしまうまでに進める距離は、せいぜい600メートルくらいなのです。

しかし実際は、数百メートル〜十数キロメートル上空で生まれたミューオンが地上にまで到達しています。つまりミューオンは、600メートルをこえる距離を旅しているということです。これこそ光速に近い速さで飛ぶことによる、特殊相対性理論の効果といえるでしょう。なぜこのようなことがおきるのか、地上の視点とミューオンの視点の二つから考えてみましょう。

まず、地上にいる人の立場で考えてみると、光速に近い速さで飛んでいるミューオンにとっての時間の進みは、特殊相対性理論の効果によって遅くなります。つまり地上の観測者から見ると、ミューオンの寿命がのびたため、崩壊前に地上に到達できるというわけです。

次にミューオンの視点で考えると、ミューオンの時間の進み方はいつも同じですので、寿命はのびません。しかし光速で飛ぶミューオンの立場からすると、ローレンツ収縮により空間が縮んでしまいます。特殊相対性理論の効果によって、ミューオンから見ると地球や大気圏がぺしゃんこになるため、ミューオンは寿命がつきる前に地上に到達できるのです。

このように、同じ現象でも観測者の立場によって説明のしかたが変わります。少しややこしいですが、これは重要なポイントです。

動く人と止まっている人の「同時」はちがう

さて、ここまで説明してきたように、特殊相対性理論は時間と空間の常識をくつがえしてきました。そして、さらに特殊相対性理論は「同時」についての常識すらもくつがえしました。ある二つの現象が同時におきるのを見たとしても、別の人から見ると、その現象が同時におきないということがあり得るのです。

ふたたび、宇宙船内のボブと月面のアリスで説明をしましょう。宇宙船は月面から見て右方向に、光速に近い速さで飛んでいるとします。宇宙船の真ん中には光源があり、左右には光源から同じ距離の位置に光検出器が設置されています。宇宙船の中央から光が発射され、左右の検出器でその光をとらえる、ということ

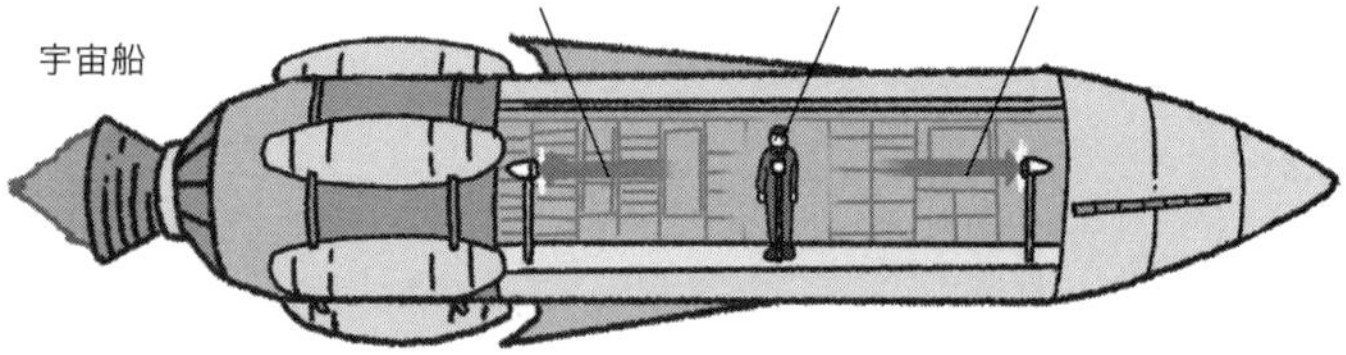

図3-10.　宇宙船内の二つの光は同時に到着する

です。

この状況を、まずは宇宙船の中から観察してみましょう。相対性原理によると、宇宙船の中のボブにとって動いているのは月であり、宇宙船は静止しているのと同じです。

また光は左右どちらにも同じ速さで進むので、等距離にある左右の光検出器に光は「同時」に到着します（図3－10）。

しかし、ここでの同時が、宇宙船の外で静止しているアリスにとっても同時であるとは限らないのです。

今度は月面のアリスの視点で考えてみます。光速度不変の原理から、宇宙船の運動には関係なく、月面から見て左右の光の速さは同じです。しかしアリスから見ると、宇宙船が右向きへ光速に近い速さで飛んでいるため、左の光検出器は光に接近していき、右の光検出器は光から逃げていきます。その結果、月面のアリスから見ると左の光検出器に先に光が到達し、右の検出器には遅れて到達します（図3－11）。

つまり宇宙船内のボブにとって同時だった二つの光の到達が、アリスにとっては同時ではないのです。たとえ光源が動いていようと動いていまいと、どの観測者にとっても光は一定の速さで進みます。この光速度不変の原理が成り立つ結果として、同時に食いちがいが生じるのです。

なんとも不思議な結果ですが、なにが同時なのかは見る立場によってことなってくるということを、覚えておいてください。これを「同時性の不一致」といいます。

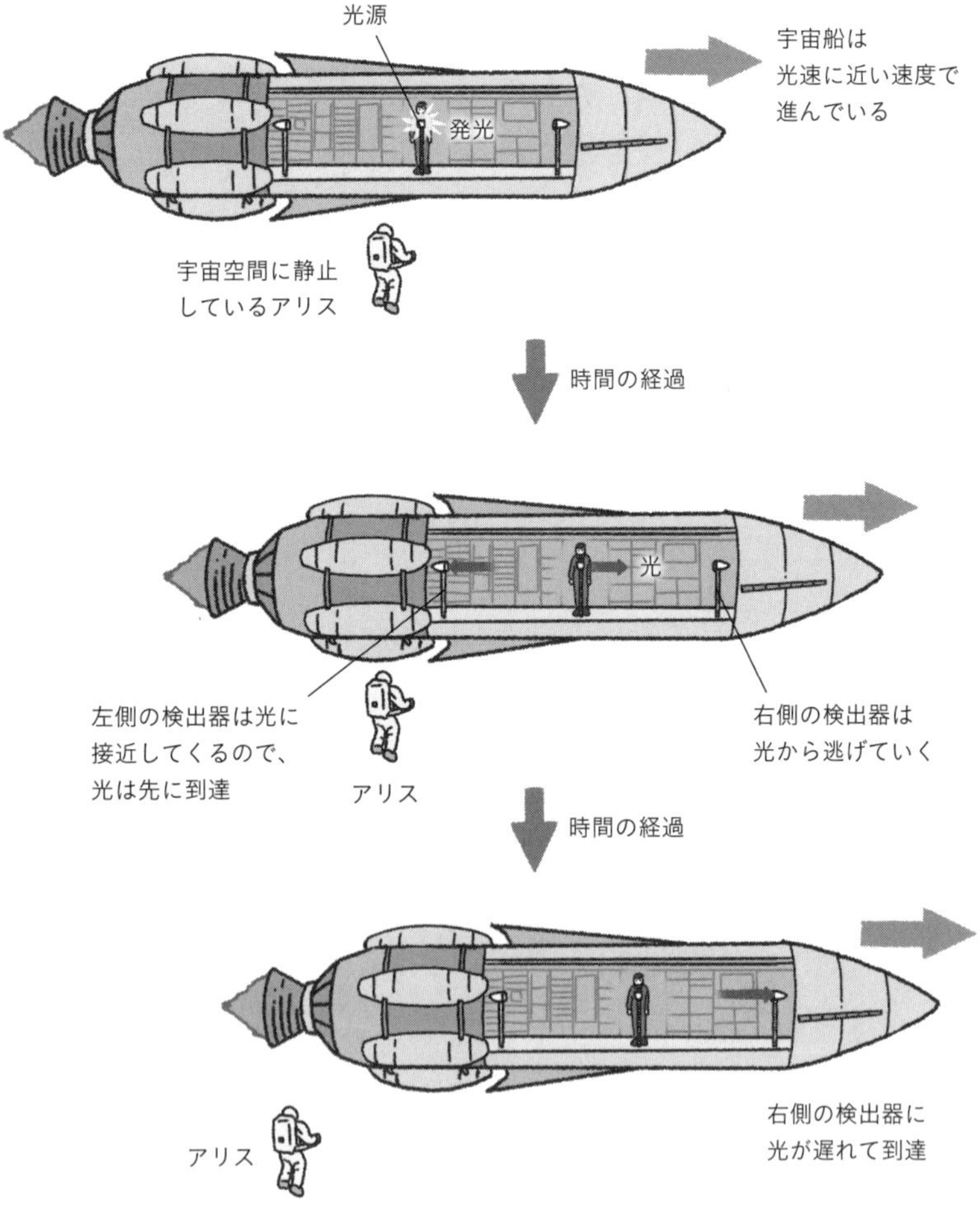

図3-11.　アリスにとって、二つの光の到達は同時ではない

高速で移動するほど物体は重くなる

ここまでは、特殊相対性理論による、時間と空間の伸び縮みについて、紹介してきました。ここからは、特殊相対性理論から導かれた質量とエネルギーの不思議な関係にせまっていきましょう。

特殊相対性理論によると、速さには限界があります。それが光速です。どんな超文明のテクノロジーをもってしても、光速をこえて運動することはできません。光速は、自然界の最高速度なのです。

たとえば、母船が月面に対して光速の99％の速さで飛び、母船の中の滑走路から宇宙船が母船に対して光速の99％で飛び立つとします。単純に考えると、月面から見て飛び立つ宇宙船の速さは光速の１９８％（99％＋99％）になりそうですが、特殊相対性理論によると、光速の99・99％にしかなりません。単純な速さの足し算は成り立たない、ということです。日常的な感覚からすると、なんとも不思議なことですね。

さて、今度は「電子」を加速させることを考えてみましょう。マイナスの電気をもつ粒子である電子に、電圧をかけるなどして電気的なエネルギーをあたえると、電子を加速できます。普通に考えると、エネルギーをあたえつづければ電子の速さは際限なく大きくなりそうです。しかし、やはりどれだけエネルギーをそそぎこんでも、電子は光速に到達することはできません。

では、止まった電子に「10」のエネルギーをあたえて光速の86・6％まで加速できたとします。この電子に、さらに同じ「10」のエネルギーを加えたとしましょう。単純に考えると、光速の86・6％分がさらに加速され、光速の173・2％の速度になりそうですが、それでは光速をこえてしまいます。

実際には、同じ「10」のエネルギーを加えても、光速の7・7％分しか加速されません。さらに「10」のエネルギーをあたえていっても加速量は光速の2・5％、1・2％と減りつづけ、電子は光速に到達できないのです（図3－12）。

いったいなぜ、同じエネルギーをあたえつづけているのに、電子は加速されなくなるのでしょうか。

通常「加速する量」は加えるエネルギーが大きいほど大きくなります。しかし

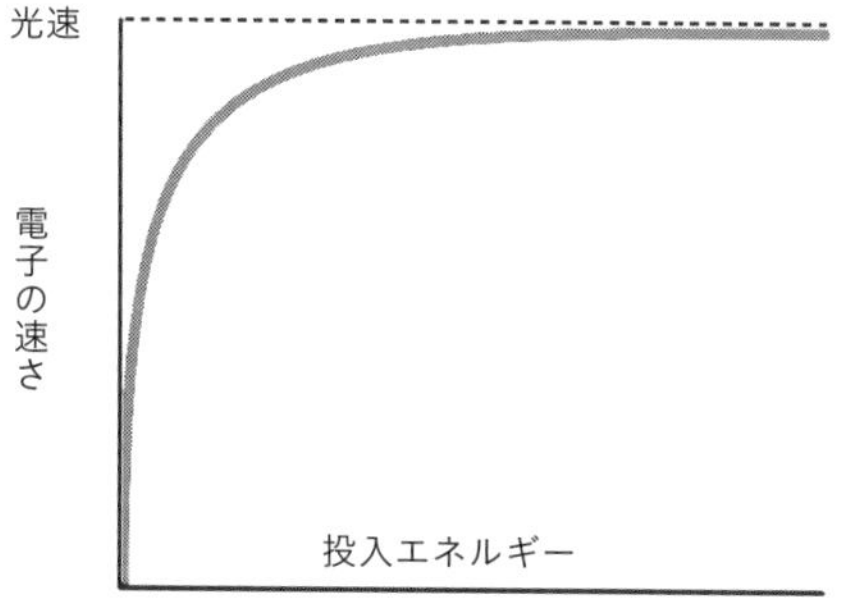
光速
電子の速さ
投入エネルギー
グラフのように、どんなにエネルギーを投入しても電子は光速には到達できない。

図3-12.　投入エネルギーと電子の速さの関係
どんなにエネルギーを投入しても電子は光速には到達できない。

一方で「質量」が大きいほど小さくなります。ですから先ほどの電子の実験でエネルギーを加えても加速されなくなったということは「電子の質量が大きくなった」ということを意味していたわけです。

つまり特殊相対性理論によると、光速に近づくほど物体は質量が増えて、加速しにくくなるのです（図3－13）。物体の速度が光速に近づくと、質量は無限大に近づいていくため、どれだけエネルギーを加えても光速をこえることは不可能となります。

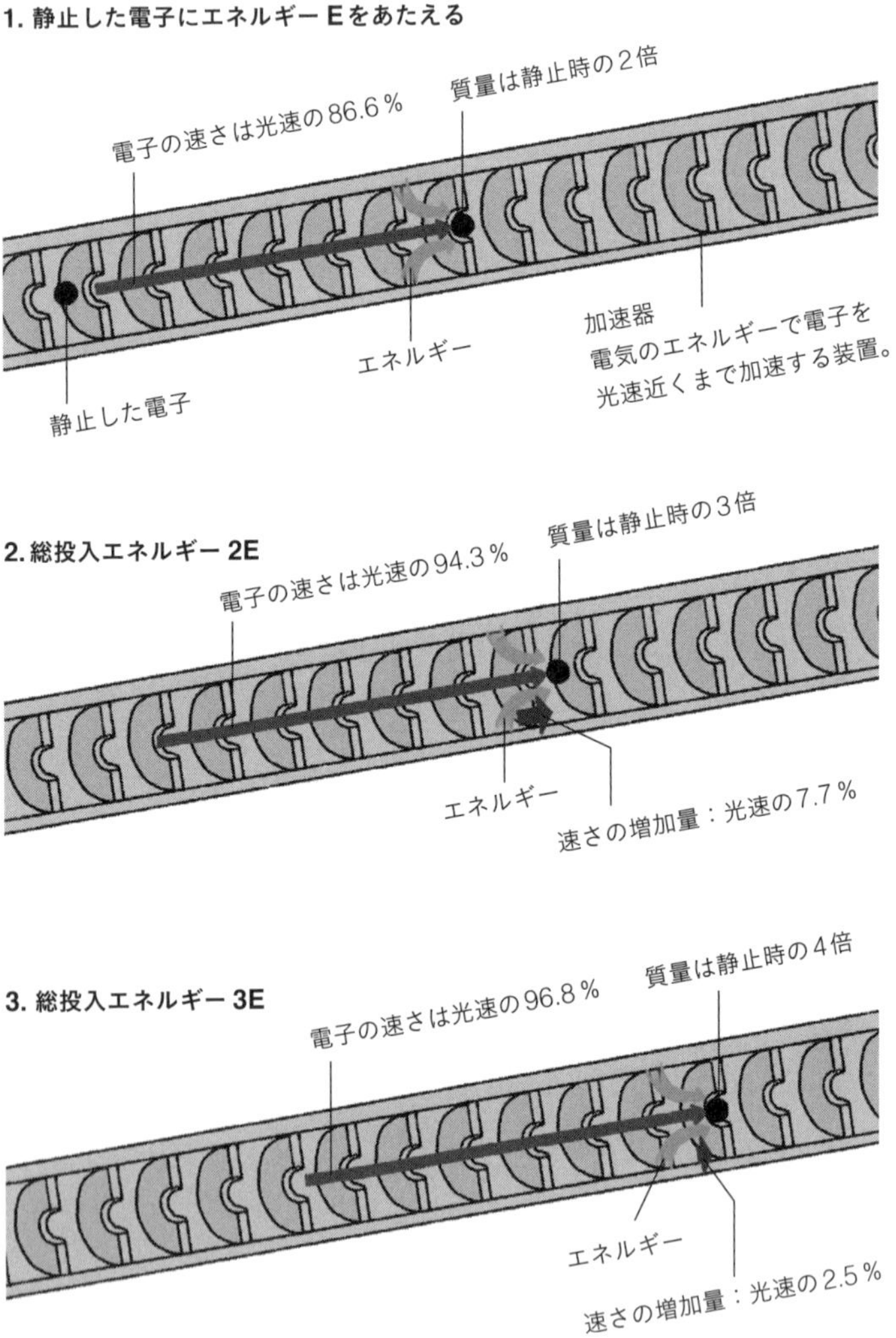

図3-13.　物体は光速に近づくほど質量が増え、加速しにくくなる

質量は、物の動きにくさをあらわす

光速近くまで物体を加速させると、質量が増えます。しかしそのとき、サイズまで大きくなるわけではありません。たとえば100万個の原子からできている物体を加速して、質量が2倍になったとしても、原子の数が倍の200万個にはなりません。原子の数が増えるわけではなく、原子一つ一つの質量がすべて2倍になるのです。

ではそもそも、「質量」とはいったい何なのでしょうか。少し脱線しますが、質量について、少し考えてみましょう。「質量」は「重さ」とほぼ同じ意味で使われることも多いかもしれませんが、質量と重さは、厳密にいうとちがうものです。物体の「重さ」は、重力の大きさをあらわすものです。ですから、同じ物体でも、重力が弱い月に行けば、重さは地球上の約6分の1になりますし、軌道上の宇宙ステーションの中なら重さはゼロになります。

一方、質量は物体をどこにもっていこうが変わりません。平たくいえば、質量とは物体が本来もつ「動かしにくさの度合い」なのです。

ビリヤードを例に考えてみましょう。ビリヤード台に散らばった球の中に、質量の大きな鉛の球がまぎれこんでいたとします。鉛の球は区別がつかないよう、ほかの球と同じようにペイントがされています。さて、ビリヤードの球の中から鉛の球を見つけだすにはどうすればよいでしょうか？　ただし、球をもち上げてはいけません。

答えは簡単で、別の球をぶつければよいのです。手球をぶつけると、普通の球は勢いよくはじけ飛びますが、質量の大きい鉛の球は手球がぶつかっても大きく動きませんから、すぐに見つけられるでしょう。

これは地球上にかぎった話ではありません。同じ実験を宇宙ステーションの中などの無重力状態で行っても結果は同じです。無重力状態で浮いた普通のビリヤード球に手球をぶつけると勢いよくはじけ飛びますが、鉛の球に手球をぶつけるとゆっくりとしか動きません。質量が大きな鉛球は、たとえ無重力状態でも、動かしづらいのです。このように、質量とは物体の動かしにくさの度合いをあらわすものなのです。

質量とエネルギーは同じもの？

さて、先ほどの電子を加速させる実験にもどりましょう。本来であれば、物体にエネルギーを加えると加速されるはずです。しかし電子の実験で見たように、電子が光速に近づくと加速されなくなっていきます。ここで疑問が生じます。電子に加えたエネルギーはいったいどこに消えたのでしょうか？

エネルギーは消滅してしまったのではと思う方もいるかもしれませんが、それはまちがいです。物理学の大事な法則に、「エネルギー保存則」というものがあります。その法則によると、エネルギーが形を変えることがあっても、その総量が増えたり減ったりすることはありえず、その量は必ず保存されるのです。つまり電子の実験でもエネルギーは消えておらず、かならずどこかにたくわえられているはずなのです。

では、エネルギーはどこに行ったのでしょうか？　特殊相対性理論が導きだした驚くべき結論は、ずばり「エネルギーは質量に変わった」ということです。

エネルギーが質量に変わるとはいったいどういうことでしょうか。次のような実験を考えてみましょう。静止した二つの電子A、Bにエネルギーをあたえます。そして電子Aは光速の99％まで、電子Bは光速の99・9％まで加速させます。二つの電子の速さに、それほど大差はありません。

しかし、この二つの電子を〝壁〟にぶつけてみると、大きなちがいがあらわれます。光速の99・9％に加速させた電子Bの衝撃のエネルギーは、光速の99％に加速させた電子Aの約3・5倍にもなるのです（図3－14）。

これはつまり、電子Bに加えたエネルギーは、速さのエネルギーとしてではなく、質量の形で電子Bにためこまれていたことを意味します。このように、エネルギーというものは、質量へと〝変身〟できるものだったわけです。

逆に、質量がエネルギーに変わることもあります。その例が、原子力発電所でおきているウランの「核分裂反応」です。ウラン235という原子の原子核は、分裂して小さな原子核に分かれることがあり、これをウランの核分裂反応といいます。

ウランが核分裂してできたあとの物質の質量をすべて足し合わせても、もとの

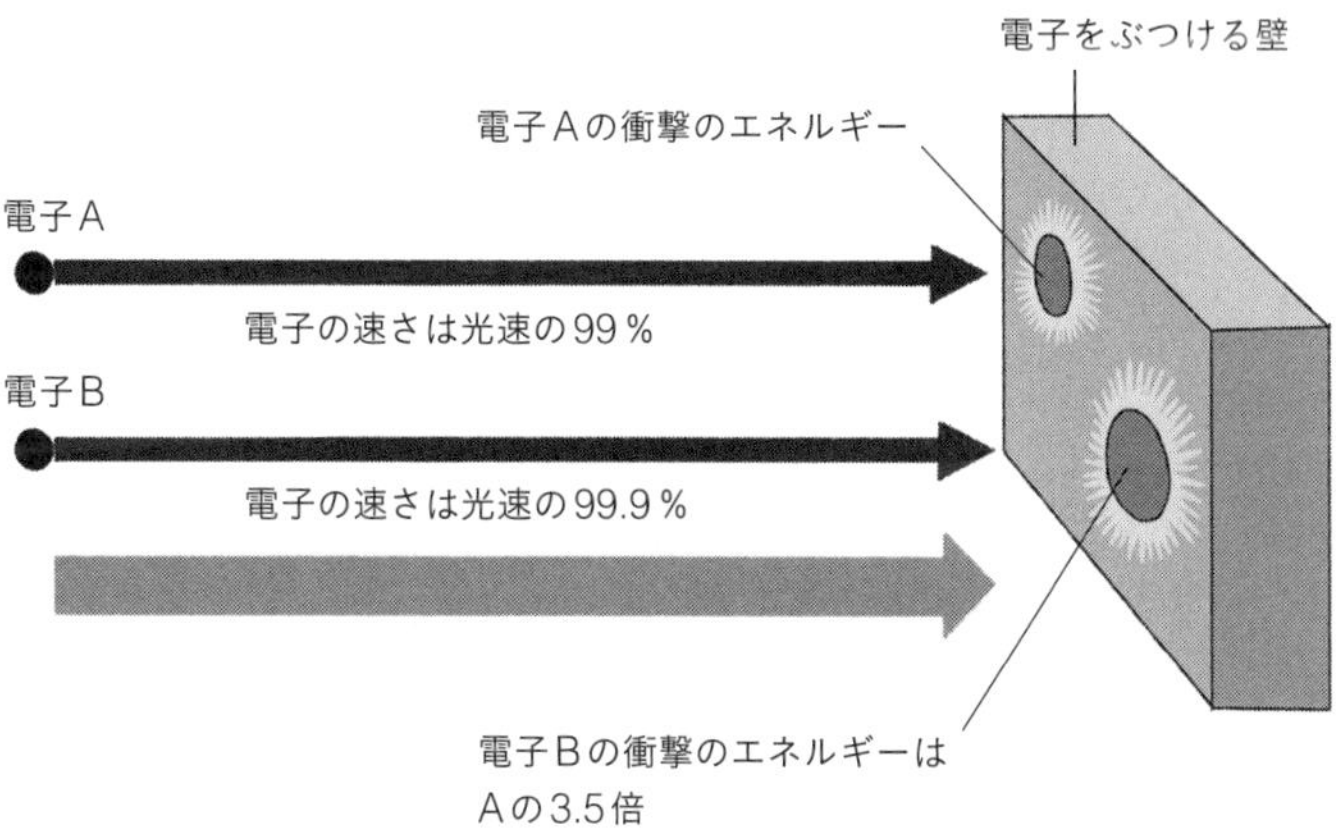

図3-14.　電子Bの衝撃のエネルギーは、電子Aの約3・5倍になる

電子Bは質量の形で、電子Aより多くのエネルギーをためこんでいたことがわかる。

ウランの質量には約0・1％足りません。ごくわずかですが、この質量の減少分が「熱エネルギー」へと変換されているのです（図3－15）。

発電所では、この熱エネルギーで水を沸騰させ、発生した水蒸気でタービンを回して、最終的に私たちの普段の生活で使われる電気エネルギーをつくりだしています。

エネルギーは質量に変わることができ、逆に質量はエネルギーに変わることができます。このようなことから、質量とエネルギーは本質的に同じものだといえるのです。

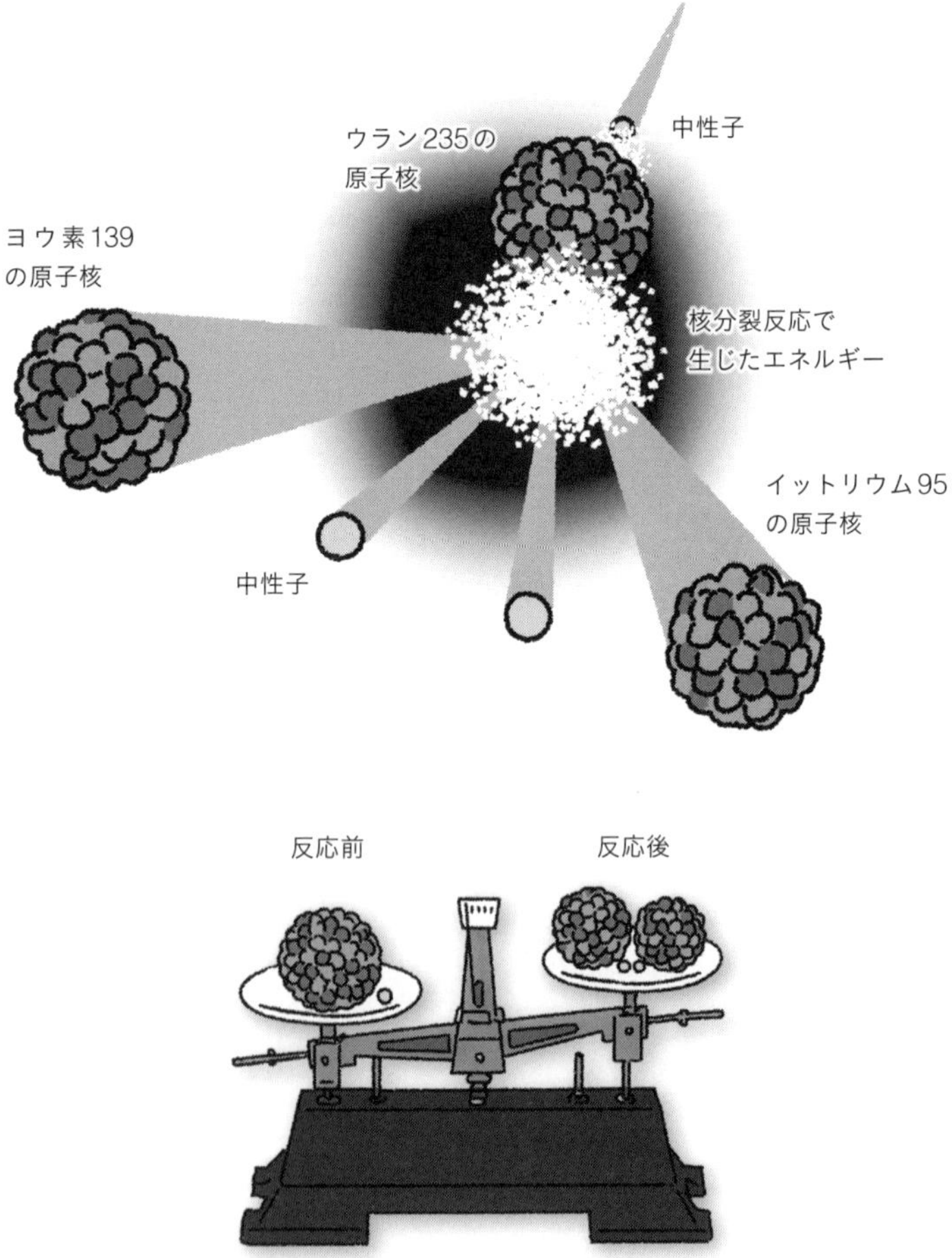

図3-15.　ウラン235の核分裂反応

消えた質量は熱エネルギーへ変換される。

「$E=mc^2$」は質量とエネルギーを結びつける

さて、「質量とエネルギーは同じもの」ということをあらあわす数式が、特殊相対性理論から導かれる有名な公式$E=mc^2$です。「E」はエネルギー、「m」は質量、「c」は光速をあらわしています。なおmc^2は$m \times c \times c$ということです。すなわちエネルギーは、質量に光速を2回かけたものと同じということがわかります。

質量とエネルギーは、長い科学の歴史の中でずっと別々のものとして扱われてきました。しかし特殊相対性理論から導かれた$E=mc^2$によって、この二つが本質的に同じものであることが示されたのです。公式の中の「c^2」が、歴史的に別々に扱われてきたエネルギーEと質量mの両者をつなぐ〝かけ橋〟の役割を果たしています。

では、この$E=mc^2$の式はいったいどのように使うのでしょうか。原子力発電で利用されているウランの核分裂で見てみましょう。

先ほども説明した通り、原子力発電では、ウランの核分裂反応の前後で質量が減少する分が熱エネルギーに変換されています。

ウランの核分裂反応で10グラム（0・01キログラム）の質量（m）がエネルギーに変わったとします。$E=mc^2$にそのまま値を入れて計算すると、発生するエネルギーの量（E）はなんと、900兆ジュールになります。これはクフ王のピラミッド1杯分（約260万立方メートル）の20℃の水を、100℃にするエネルギーに相当します。たった10グラムのウランの質量が、それほどまで膨大な熱エネルギーに変わったというわけです。

「$E=mc^2$」におけるc^2は、小さな質量でも膨大なエネルギーに変わることが可能ということを意味する数、ともいえるでしょう。

さて、この第3章ではアインシュタインの特殊相対性理論について紹介してきました。特殊相対性理論は、時間と空間、さらには質量とエネルギーの従来の常識を覆した革命的な理論だったのです。次の第4章では、この特殊相対性理論をさらに進化させて生みだした「一般相対性理論」に焦点を当てましょう。

第4章

時空のゆがみが重力の正体!

~一般相対性理論~

相対性理論の次なる目標は「重力の解明」

特殊相対性理論ののち、相対性理論の次なる目標は「重力」の解明でした。特殊相対性理論は、その名の通り重力のない〝特殊〟な状況でしか使えない理論だったのです。

アインシュタイン以前、重力はニュートンの万有引力の法則によって説明されてきました。この法則は「すべての物体は、その質量と距離に応じた大きさの万有引力で引き合う」というものです。物が下に落ちるのは、地球が重力で引っぱるため、ということですね。

実はニュートンの万有引力の法則には、アインシュタインの特殊相対性理論と矛盾がありました。アインシュタイン以前は「万有引力は、どんなに距離がはなれていても一瞬で伝わる」と考えられていましたが、特殊相対性理論によると、あらゆるものの速さの上限は、光の速さの秒速30万キロメートルです。これは重力も例外ではありません。どうやら、万有引力の法則は完全なものではなかったようなのです。

実際に、万有引力の法則では説明できない現象も知られていました。たとえば「水星の近日点移動」です。水星の軌道は太陽を中心とした円ではなく、厳密には楕円になっています。近日点とは〝最も太陽に近づく点〟のことです。

水星の近日点は常に同じではなく、1周ごとにずれていきます。そのずれはとても小さく、100年間で574秒角です。なお「秒角」とは角度の単位で、1秒角は3600分の1度のことです。1周におけるずれはとても小さなものということがわかりますね。

近日点が移動すること自体は、ほかの惑星による万有引力を考えることで説明できます。しかし観測による水星の近日点移動の大きさは、万有引力の法則による計算結果と微妙に食いちがっていたのです（図4－1）。

このように、万有引力の法則に綻びが見えていたことから、アインシュタインは特殊相対性理論を発展させて重力を組みこみ、水星の近日点移動も正確に説明できる重力理論を完成させたいと考えました。これがのちに、より一般的な状況で成り立つ相対性理論、すなわち一般相対性理論として実を結ぶのです。

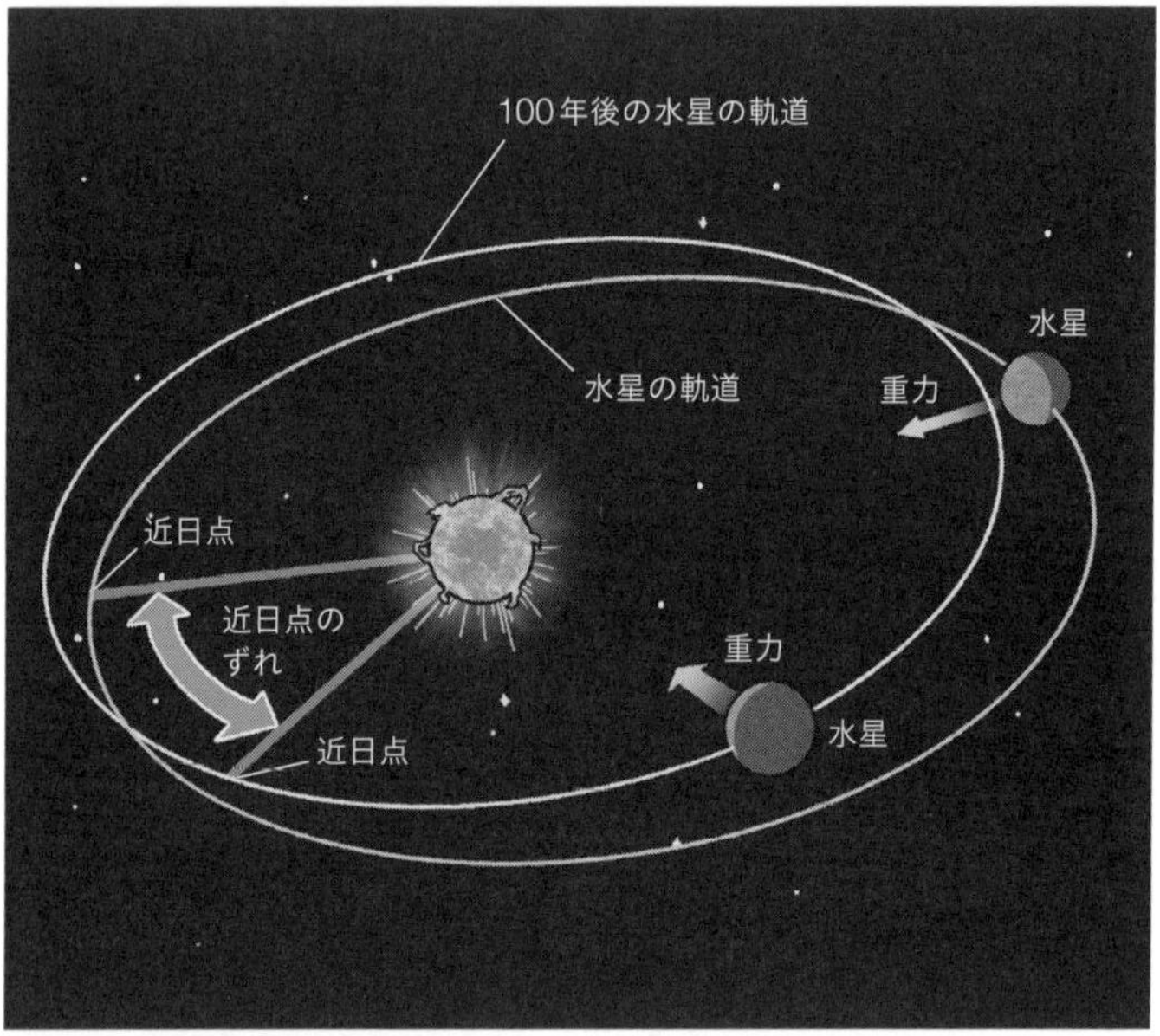

図4-1.　彗星の近日点移動

万有引力の法則では、近日点移動を正確に計算することができなかった。

また特殊相対性理論は、観測者が静止しているか、等速直線運動している場所から見た場合にのみ成り立つ理論でした。このような場所を「慣性系」といいます。

しかし一般相対性理論は、慣性系だけでなく、観測者が加速する「加速度系」から見た場合でも成り立つ理論です。つまり、加速する宇宙船の中など、より適応できる範囲が広くなったのです。

エレベーターの中で感じる力は重力と同じもの？

ここからは、アインシュタインがどのようにして一般相対性理論にたどり着いたのか、彼の思考をたどってみましょう。

1907年、アインシュタインは一般相対性理論の土台となる生涯最高のアイデアを思いつきました。それは、「落下する箱の中では重力が消える」というものです。

まずはこのアイデアについてくわしく説明しましょう。たとえばエレベーターに乗って上昇するとき、動きはじめに体が重くなった感じがしませんか？　逆に下がりはじめるときは、ふわっと体が浮き上がるかのように感じますよね。

これは、乗ったエレベーターが加速や減速をするためにおこる感覚です。上向きに加速すると体が重くなり、重力が大きくなったように感じます。逆に下向きに加速すると体が軽くなり、重力が小さくなったように感じるのです。

このエレベーターの例のように、加速しながら運動している場所の観測者に

図4-2.　慣性力（見かけの力）

加速する物体の中では、加速の方向と逆向きに力がはたらいているように感じる。

は、加速の向きと逆向きに「力」がはたらきます。この力を「慣性力」といいます。

慣性力はニュートン力学によって説明される「見かけの力」です。たとえばバスが急ブレーキをかけたとき、前につんのめりそうになったことはありませんか？　これは、バスは止まろうとするのに、乗っている人は前に運動をつづけようとするためにおきます。バスの中の人からすると、あたかも前向きに押す力がはたらいたかのように感じるわけです（図４－２）。

このように速度が変化する（加速する）物体の中では、加速の方向とは逆向きに力がはたらいているように感じます。この力が慣性力です。なお慣性力は見かけの力ですので、あくまでエレベーターの中やバスの中の人が感じるだけで、外から

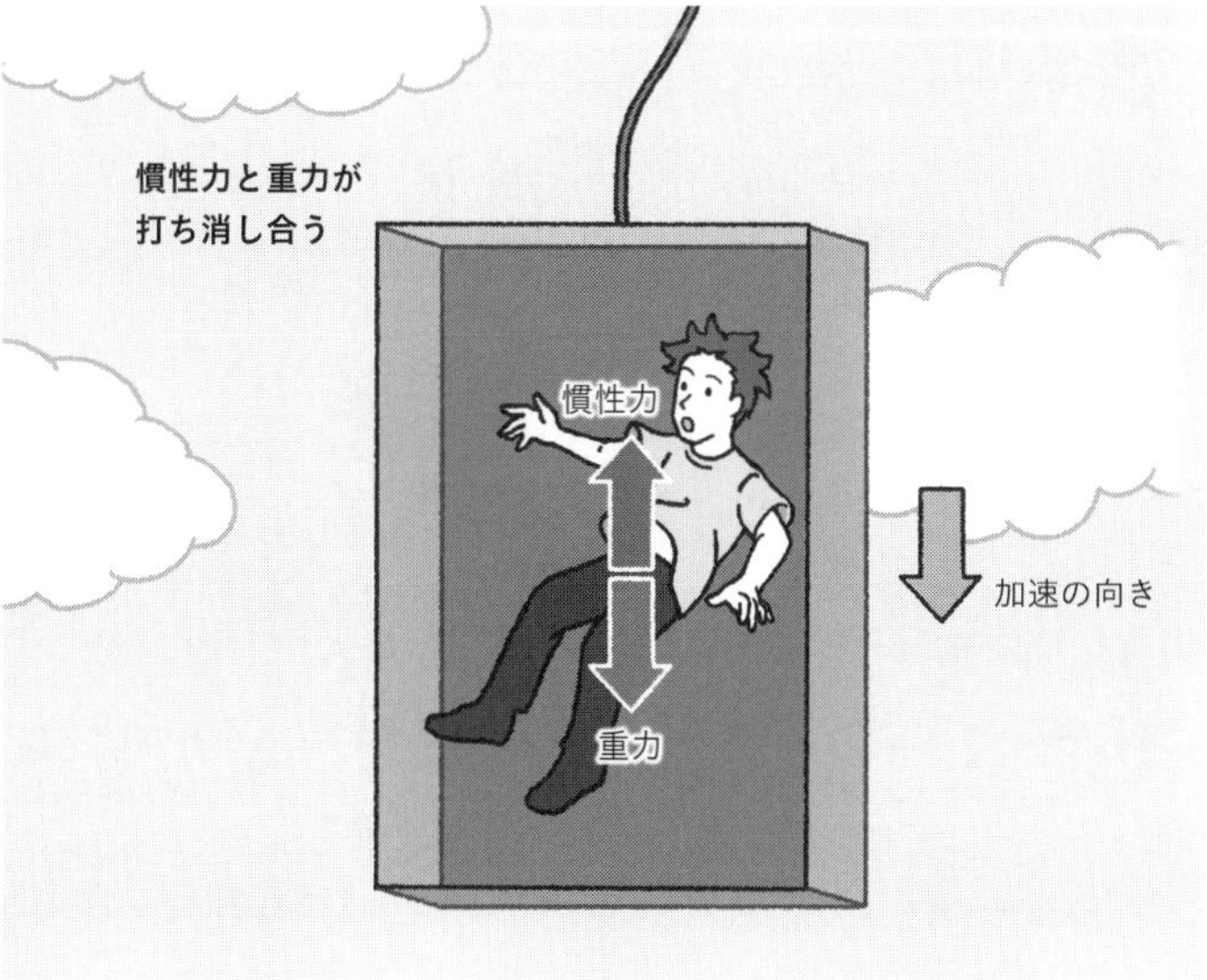

図4-3.　落下するエレベーターの中では、重力が消える

見ると実際に力が発生しているわけではありません。

では次に無重力空間の宇宙船で慣性力について考えてみましょう。たとえ無重力空間でも、宇宙船が加速すればエレベーターと同じように慣性力が発生するため、見かけの重力を感じる状況をつくることができるはずです。宇宙船の中では、加速の向きとは逆方向に力を感じるわけですから。

このことからアインシュタインは、「慣性力と重力は区別できないもの」だと考えました。この考えは「等価原理」とよばれ、一般相対性理論の土台になります。等価原理は重力と慣性力が等価、つまり本質的に同じだということをあらわしています。

たとえば、いま説明した例のように、無重力空間で加速する宇宙船の中では慣性力がはたらくため、重力のある空間にいるのと区別ができません。また逆に重力のある地上で、加速しながら落下（自由落下）するエレベーターの中にいると、慣性力と重力が打ち消し合うため、体が浮き上がるように感じ、無重力空間にいるのと区別ができなくなります（図4－3）。

これが、前出したアインシュタインの生涯最高のアイデア「落下する箱の中では、重力が消える」ということです。

光は重力によって曲がる

落下するエレベーターの中では重力が消える、ということについて、もう少し考えてみましょう。

重力で落下する箱の中に人がいて、すぐそばにリンゴがある状況を考えます。

さて箱の中の人にとって、りんごはどのように見えるでしょうか？　空気抵抗はないものとします。

りんごよりも人のほうが重いので、人が先に落ちるのではないかと思う方もいるかもしれません。しかし物体が落下するとき空気抵抗を無視できれば、その質量によらずに同じ速さで落下します。ですから人とリンゴはまったく同じ速さで落下して、エレベーターの中の人から見るとリンゴは動かず、同じ位置にとどまって見えます。

今度はエレベーターの中のリンゴを横に押してみましょう。するとエレベーターの外の人からはりんごは落下して見えるため、放物線をえがくように見えます。

しかしエレベーターの中の人は自分も落下しているので、りんごは落下しているようには見えず、ただ単に横に同じ速さで進むように見えるはずです。

このように落下するエレベーターの中は、重力の影響のない「無重力空間と同じ状況」とみなせます。つまり重力によって落下するエレベーターの中は、慣性系（静止または等速直線運動をしている場所）と同じとみなせるのです。これが等価原理

図4-4.　中から見た、落下するエレベーターの中の光

落下する箱の中でも、中の人から見ると光は直進する。

です。

さらに、今回は物体の運動だけに着目しましたが、落下しているエレベーターの中では運動の法則だけでなく、すべての物理法則が、重力のはたらかない場所と同じように成り立ちます。このことこそ等価原理の核心です。

ここでいう物理法則には、光の進み方を決める法則も入ります。そしてこの等価原理の考え方から、おどろくべき結果が導かれます。それは「光は重力によって曲がる」

図4-5.　外から見た、落下するエレベーターの中の光

落下するエレベーターの中の光を外から見ると、曲がって見える。

ということです。

落下するエレベーターの中で光を照射してみましょう。落下するエレベーターの中は、無重力空間とまったく同じことがおきるはずでしたね。無重力空間では光は直進しますから、落下するエレベーターの中でも、中の人から見ると光は直進します（図4―4）。

では、エレベーターの外からこの光を観察するとどのように見えるでしょうか？　答えは「箱の中でりんごを押すのと同じことがおきる」です。

エレベーターの中でまっすぐ進むりんごは、地上から見ると放物線をえがいて見えました。このように落下するエレベーターから見てまっすぐな軌跡は、地上から見ると曲がって見えます。つまり地上から見ると、光の軌跡も曲がることになるのです（図4－5）。

なお、この例に出てきたエレベーターは考えやすくするために用意したものですので、落下するエレベーターがなくても光は地上に向かって曲がります。地面に向かって光が曲がっていくところなんて見たことがない！　と思うかもしれませんが、それは光があまりに速いため、小さな落下幅を見ることができないだけなのです。

光が1秒で進む30万キロメートルという距離は、地球を横に23個ほど並べた途方もない長さなのですから。

空間は曲がっていた！

では、いったいなぜ光は曲がるのでしょうか。ここからは、物体の周囲で空間が曲がることについて、くわしくお話ししましょう。

ここまでのお話は、「落下する箱の中では、等価原理によって重力が消える」という内容でした。しかし厳密にいうと、天体がつくる重力の影響は箱の中でも完全には消えません。

地上に向かって落下するエレベーターの中に、二つのリンゴがあるとします。落下するエレベーターの中では、水平に並ぶ二つのリンゴは地球の中心に向かって落下します。その結果、リンゴは、単にその場に浮遊するのではなく、落下するにつれてわずかに接近します。つまり、落下するエレベーターの中でも重力の影響が完全には消えていないということです（図４－６）。

この状況について、アインシュタインは次のように考えました。それぞれのリンゴだけに着目すれば、自分にはたらく重力の影響は消え去っているはずです。

図4-6.　エレベーターの中の二つのリンゴの落下

リンゴは地球の中心に向かうため、落下するにつれて接近していく。

それなのに二つのリンゴが接近したのは、空間自体が曲がっているからだと考えたのです。すなわち「天体の質量が周囲の空間を曲げていた」というのです。

空間が曲がっているとはいったいどういうことなのでしょうか。空間が曲がっているのを実感することは、３次元世界にくらす私たちにとって非常に困難です。ですので、まずは地球の表面のような２次元の面を例に、空間が曲がるとはどういうことかを考えていきましょう。

地球は球ですから、３次元の世界にくらす私たちからすると表面は曲がっています。しかし地球の表面にはりついた２次元世界の住人がいたとしたら、地球の表面が曲がっていることは実感できないはずです（図４－７）。つまり、２次元の面からはなれられないと、そこが曲がっているのかどうかわからないのです。

この２次元世界の住人と同じように、３次元世界の住人である私たちもまた、３次元の空間が曲がっていたとしても実感することはできません。

実は３次元空間が曲がることと、２次元平面が球面のように曲がっていることはよく似ています。たとえば地球の経線に沿って２機の飛行機が北上すると、しだいに接近し、最後には北極で衝突します。一見どの経線も赤道と直交している

図4-7.　地球の表面にはりついた2次元世界の住人のイメージ

2次元の住人にとって、地球の表面が曲がっていることは実感できない。

ため、平行な直線のように見えますが、平行に見えた2本の経線は北極や南極で交わってしまうのです（図4－8）。

平らな面では平行する二つの直線は決して交わりませんが、曲がった面ではそのような常識は通用しません。そして、この考え方は曲がった3次元空間でも同じです。

前述した「落下する箱の中の二つのリンゴ」で説明すると、リンゴは天体の重力により曲がった空間をまっすぐ進んだために自然に接近した、

図4-8.　地球の経線に沿って北上する2機の飛行機

どちらの経線も赤道と直交しているため平行な直線に見えるが、
実際は北極や南極で交わる。

というのが、一般相対性理論の考え方になります。リンゴは自分たちにとっての直線に沿って進んだだけだ、と考えるのです。

重力は「空間のゆがみ」が引きおこす

さて、話はもどりますが、重力によって曲がる光も「2機の飛行機」と状況は同じです。光は地球の質量がつくる曲がった空間を進んだために、軌跡が曲がってしまうのです。

本来であれば3次元空間の曲がりは、3次元空間の住人である人間には正確にイメージすることはできません。そこでここでは、天体（太陽）の質量によって曲がった空間をゴムのシートのような2次元の面であらわし、その近くを進む2筋の光をえがくことで、空間の曲がりを表現してみましょう（図4－9）。

このシートの曲がりが「空間の曲がり」をあらわしています。繰り返しになりますが、ゆがんだ空間を光がまっすぐ進むため、光は曲げられるのです。

図4－10では、二つの天体がそれぞれ周囲の空間を曲げているイメージをえが

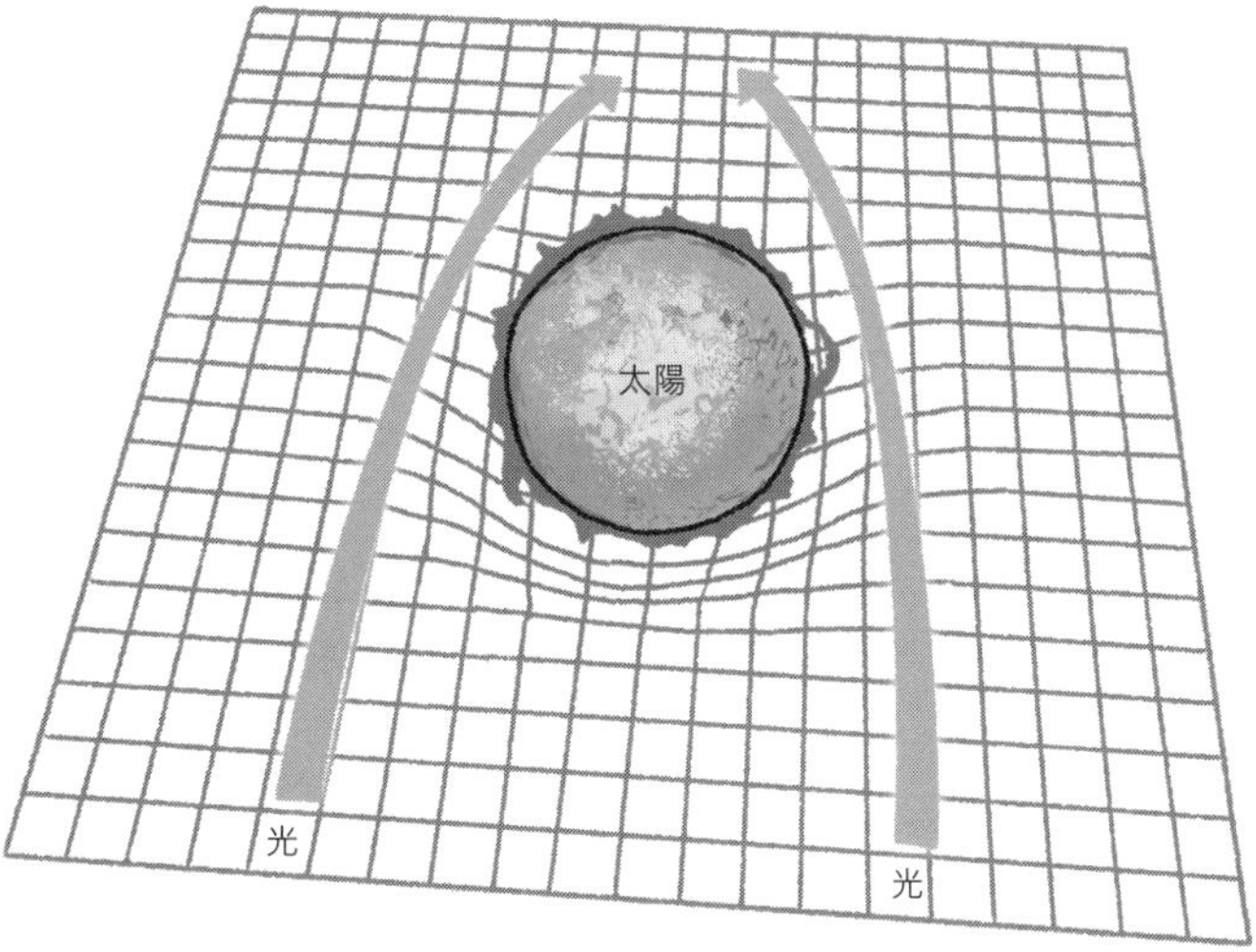

図4-9.　太陽の質量で曲がった空間と、その近くを進む2筋の光のイメージ

いています。本物のゴムのシートに二つの鉛球を少しはなしておくと、ゴムのシートが伸びて曲がり、鉛球は近づいていくでしょう。それと同じように、二つの天体も空間を曲げて近づいていきます。これが二つの天体の間ではたらく重力の正体です。重力とは「空間のゆがみが引きおこす現象」なのです。

また空間の曲がりによって、惑星のような天体の動きを説明することもできます。

空間のゆがみは、質量が大

きいほど大きくなります。太陽と地球をえがいた図4－11を見てください。太陽の大きな質量のために、周囲の空間は大きく曲がっています。太陽系の惑星たちは、この空間の曲がりの影響を受けるため、太陽のまわりを公転するのです。

この現象は、すり鉢状のくぼみにビー玉を投げ入れたとき、ビー玉が斜面をまわりつづけることに似ています。くぼみをまわるビー玉は空気抵抗や摩擦によって勢いを弱めて底に落ちてしまいますが、真空中を進む惑星はさえぎるものがないので、太陽の周囲をまわりつづけることができるのです。

ちなみに、私たちの体重でも空間のゆがみは生じます。しかしそれくらいの質量では空間のゆがみが小さすぎるため、残念ながら認識することはできません。空間のゆがみを認識するためには、銀河などの巨大な質量が必要になります。

日食の観察で裏付けられた一般相対性理論

ここまで紹介したように、一般相対性理論は、質量をもつ物体のまわりでは空間が曲がり、それによって光の進路が曲がると考えます。しかし、この一般相対

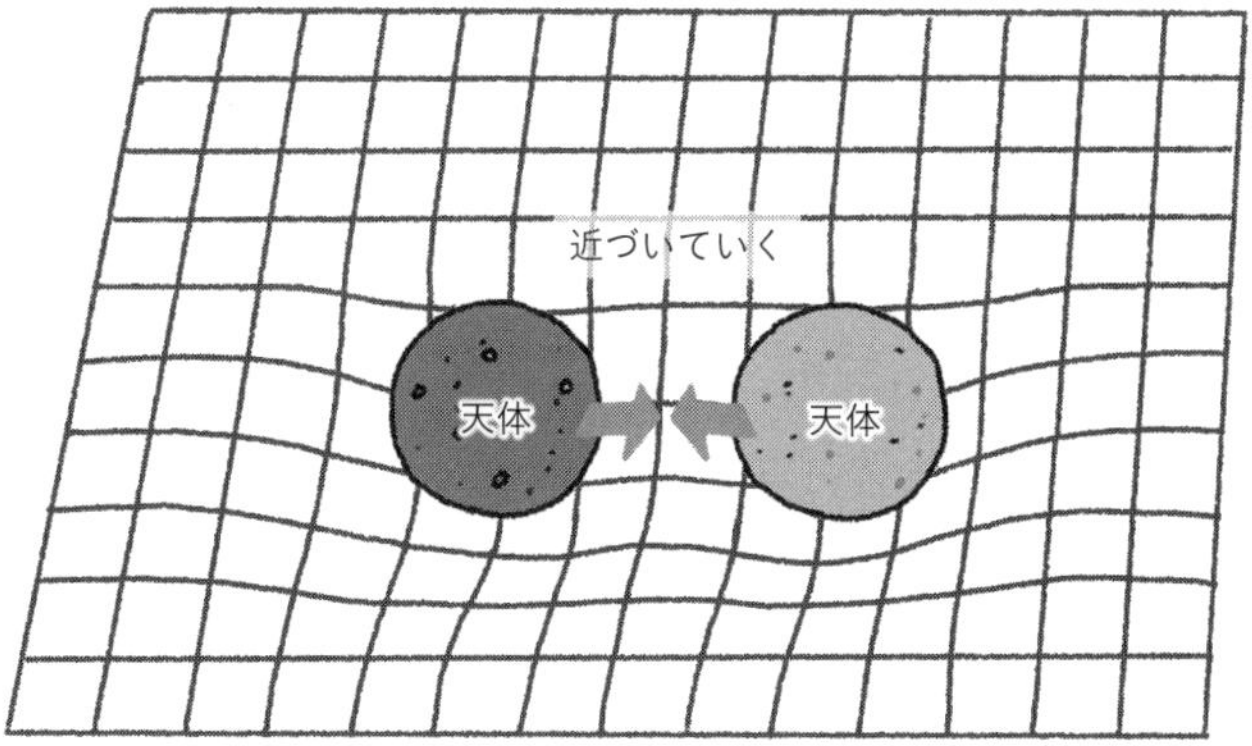

図4-10.　二つの天体が、それぞれ周囲の空間を曲げるイメージ

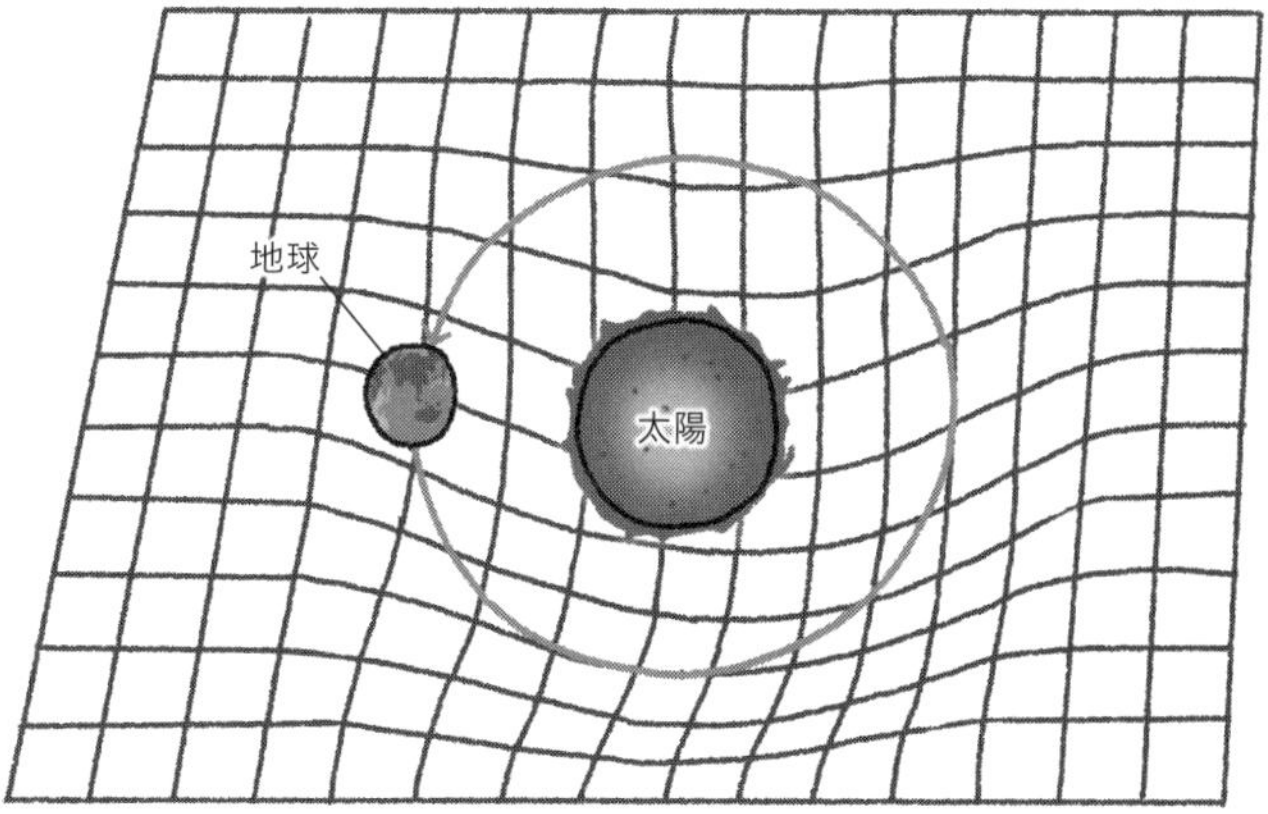

図4-11.　太陽と地球

太陽の質量が大きいため、周囲の空間が大きく曲がっている。

性理論が本当に正しいのか、疑問に思う方もいるのではないでしょうか。

一般相対性理論の正しさを裏付ける有名な観測は、１９１９年に行われています。アインシュタインは一般相対性理論を使い、太陽近くでは重力により、後方からの星の光が曲がることを予言しました。そしてこの予言を確かめるため、イギリスの天文学者アーサー・エディントン（１８８２〜１９４４）らが、日食の日に西アフリカとブラジルで観測を行ったのです。

日食とは太陽と地球の間に月が入り、月で太陽の光がさえぎられる現象です。日食の間は太陽が月のかげに入るため、昼間でもまるで夜のように暗くなり、太陽の方向の天体の観測も可能になります。

観測隊が日食のタイミングを見計らい、太陽の後方にある星の光を観測したところ、星の光は、太陽の近くを通るときに曲げられていることが確認されました。そして光の曲がりの大きさは、一般相対性理論の予想通りだったのです。

この観測結果はニュートンの万有引力の法則をくつがえし、一般相対性理論の正しさを証明するものとして新聞などでも報じられ、社会的に大きな注目を集めました。これによりアインシュタインは、世界的な名声を手に入れたのです。

空間のゆがみが生みだす「重力レンズ」

重力によって光が曲げられるという現象が観測できるのは、日食のときだけではありません。遠方にある銀河などの天体から出た光が、それよりも前方にある銀河などの天体の重力によって曲げられ、ゆがんだり、分裂したりして見えることがあります。このような現象を「重力レンズ効果」といいます。前方の銀河があたかもレンズのような役割をして、遠方の天体の光を曲げるため、そのように名づけられました（図4－12）。

この効果により、本来は一つの天体にもかかわらず四つに見えたり、リング状に見えたりすることがあります。図4－13は、ハッブル宇宙望遠鏡で撮影された「アインシュタインの十字」とよばれるものです。

中心の天体（銀河）のまわりにある四つの光は、もとは一つの天体です。中心に見えている銀河が重力レンズとしてはたらき、より遠くにある天体の光を曲げたため、四つの像に分裂して見えます。

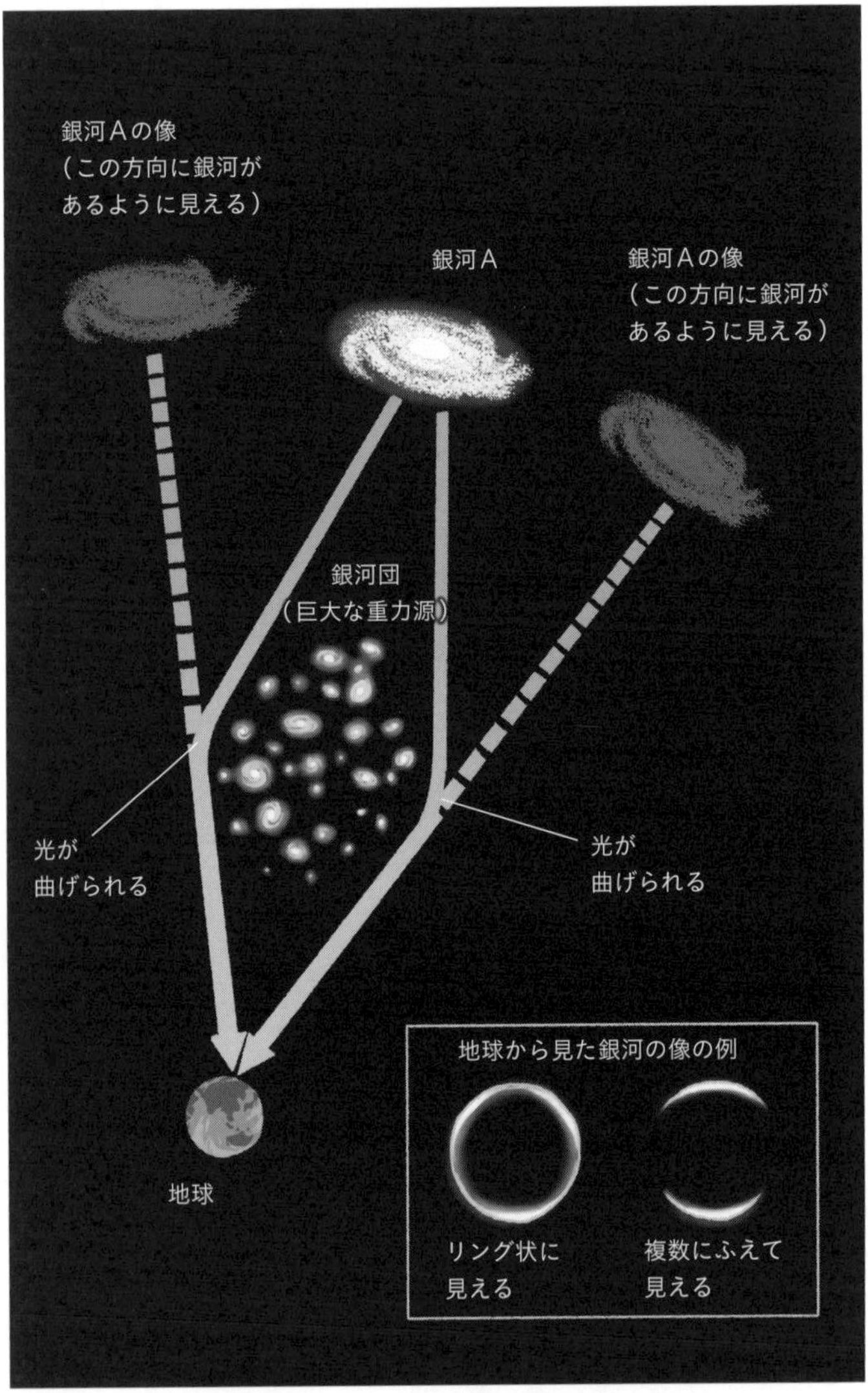

図4-12.　巨大な重力源によって光の進路は曲げられる

図4-13.　アインシュタインの十字

また図４－14は、同じくハッブル宇宙望遠鏡がとらえたアインシュタイン・リングです。奥にある天体が手前の銀河の重力によってゆがめられたため、リング状に見えています。

四つに見えたり、リング状に見えたり、どのように見えるかは、重力レンズ効果をもたらす天体と遠方の天体との位置関係や、重力レンズ効果の強さによって変わります。きれいなリング状になるのは、遠方の天体と重力レンズをもたらす天体が観測者から見て一直線上にあるときです。このように、たくさんの観測で一般相対性理論の効果がとらえられています。

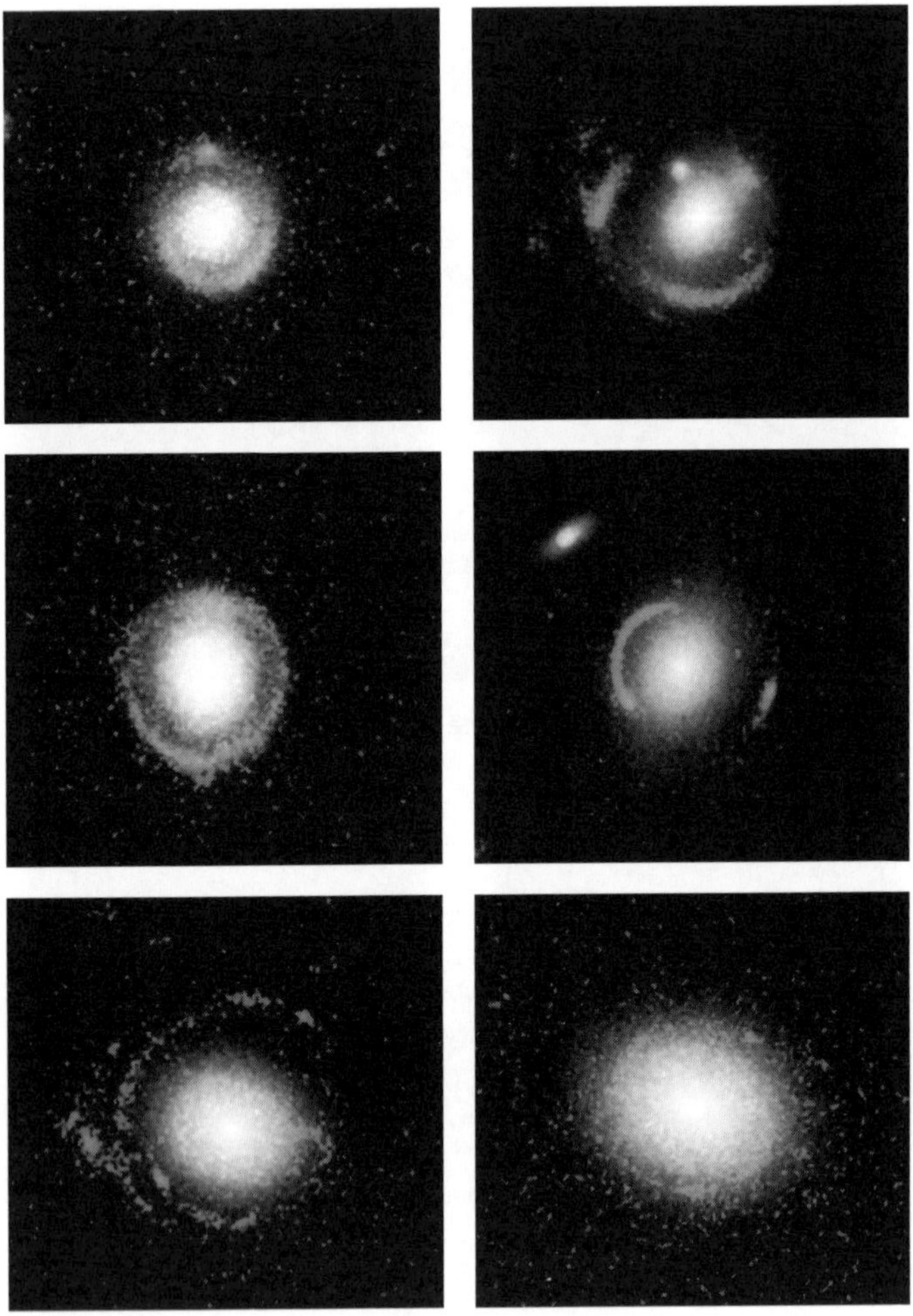

図4-14.　アインシュタイン・リング

このような重力レンズ効果は、アインシュタインの一般相対性理論の正しさを証明しただけではありません。近年、重力レンズ効果を〝望遠鏡〟として利用して超遠方の天体を観測する試みなども行われています。

重力の強い場所では、時間が遅くなる

さて、ここまで物体の重力と空間のゆがみについて紹介してきましたが、今度は重力と時間の関係を見ていきましょう。第1章で説明したように、空間と時間は結びついており、時空とよびます。したがって、重力によって空間が曲がると、時間にも影響が出るのです。

具体的には、どのような影響が出るのでしょうか。結論からいうと、重力があると時間が遅くなります。

図4－15を見てください。天体の重力によって曲がる光を、はなれた場所から見た光景です。天体のまわりで空間がゆがんでいるため、光の進路が曲がっています。

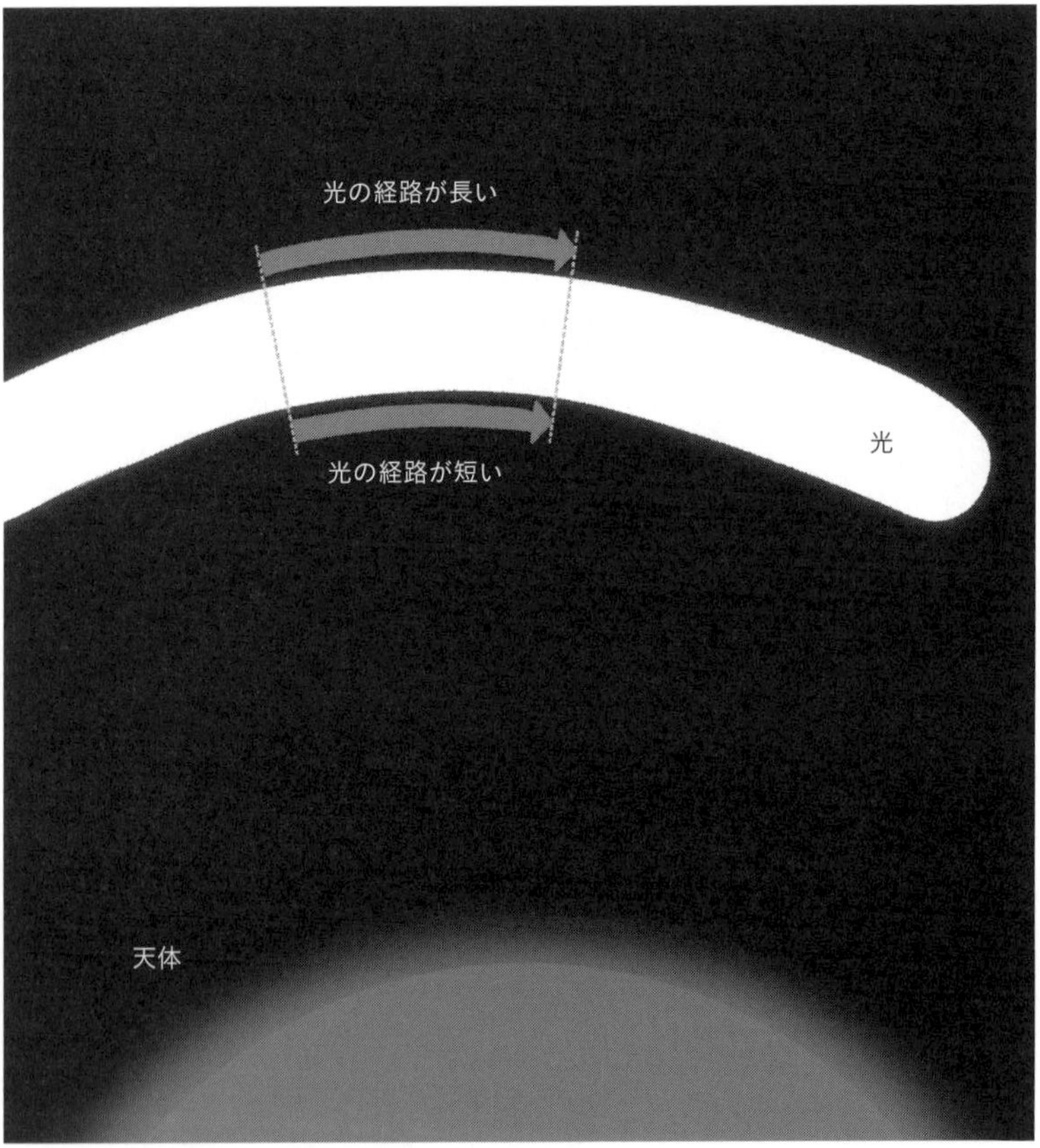

図4-15.　天体の重力により曲がる光

はなれた場所から見ると、天体のまわりで光の進路が曲がる。

ここで重要なのは、それぞれの光の経路に差があるということです。たとえば短距離走では、インコースのほうがアウトコースにくらべて距離が短くなりますね。同じように、空間のゆがみにそってカーブする光も内側に近いほど進む距離が短くなっています。

そのため、ここで奇妙なことがおきます。内側の光は、外側の光にくらべ短い距離を進めばよいわけですから、内側の光はスピードが遅いということになりそうです。つまり遠くにいる観測者から見ると、光の内側と外側で、光速がことなって見えるのです。これでは光速度不変の原理と矛盾してしまいます。

実は、重力が大きい天体に近い側では、本当に光の速度が遅くなっているわけではありません。ここでは「時間の進み方」が、外側よりも遅くなっているのです。

一般相対性理論では、恒星に近くて重力が強い場所では時間がゆっくり流れると考えます。そのため、遠くにいる観測者から見ると天体の近くでは、光がゆっくり進むように見えますが、実際には時間の進み方がゆっくりになっているのです。そのため、光の帯のすぐそばの観測者から見ると、目の前の光はあいかわら

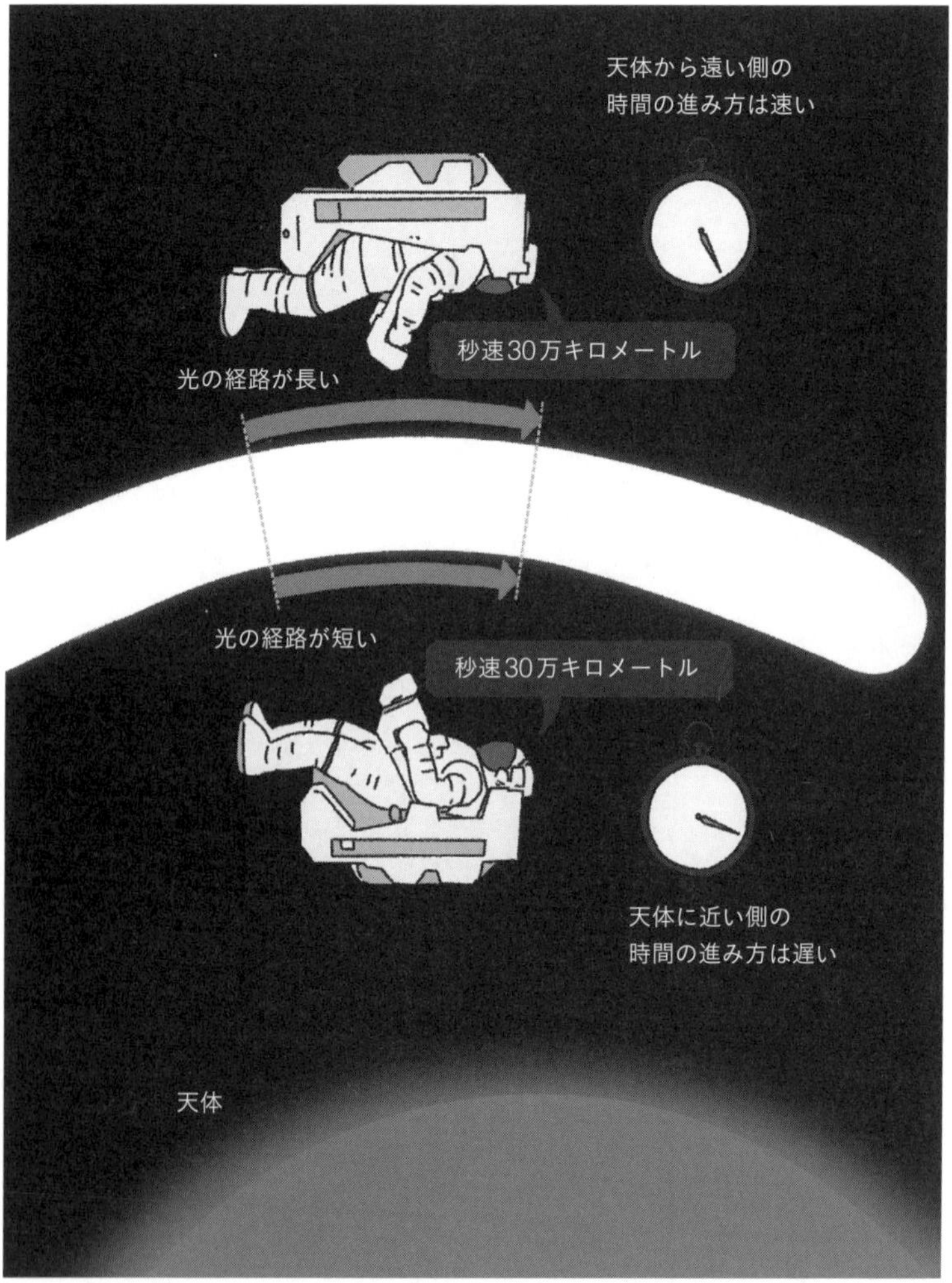

図4-16.　天体に近い場所では、時間がゆっくり進む

ず秒速30万キロメートルで直進するように見えます（図4－16）。

このように、一般相対性理論によると、物体の質量によって空間が曲がるだけでなく、時間の進み方も影響を受けます。そのため、「質量によって時空が曲がる」という表現がよく使われるのです。

さて、ここで第3章を思いだしてください。特殊相対性理論では、時間の遅れはおたがいさまで、結局どちらも相手を見ると時間が遅れているのでした。しかし、一般相対性理論の場合は時間の遅れはおたがいさまではありません。重力の強い場所のほうが、必ず時間の流れが遅くなります。

今回の場合は、より恒星に近いほうが、必ず時間が遅くなるのです。ただし、それぞれの観測者は、自分の時間の遅れを実感することはできません。

東京スカイツリーの先端は、時間の流れが早い？

たとえば地球の重力も、わずかながら時間の遅れを生じさせています。ですから私たちは、天体がそばに何もない宇宙空間よりも、ごくわずかにゆっくりと進む時間の中を生きています。

逆にいえば、地上からはなれればはなれるほど重力は弱くなるため、時間の進み方が早くなっていきます。たとえば高さ６３４メートルの東京スカイツリーの先端の重力は、地上よりもほんのわずかに弱くなります。そのためスカイツリーの先端は、約１００兆分の7というごくわずかな差ではありますが、地上より時間が早く進んでいるのです。ただし約１００兆分の7とは、約45万年でようやく1秒の差が出てくる程度の、ごくわずかなちがいでしかないため、当然ながら私たちは知覚できません。

次に、もっと大きな重力源について考えてみましょう。たとえば太陽です。太陽の質量は地球の約33万倍の約２×10^{30}キログラム、半径は約１０９倍の約70万キロメートルです。その表面は地球よりも重力が強いため、地球よりも時間が遅れます。

太陽の表面は、地球上よりも時間の進み方が１００万分の2ほど遅くなっています。これは6日で1秒の差が出てくる程度のちがいです。こちらも実感するにはむずかしい差ですね。

このように地球上や身近な天体では、時間の進み方のちがいは、ごくわずかしかあらわれません。また地球上では、光が曲がる様子を通常見ることができませんが、その理由は重力による時空の変化がきわめて小さいためといえます。

しかし宇宙には、光を大きく曲げ、時間の進み方が極端に遅くなっている天体も実在します。たとえば「中性子星」です。

中性子とは、電気的に中性の粒子のことをいいます。正の電荷をおびた陽子と同じように、原子核の構成要素の一つです。中性子星は、この中性子でできている天体のことをいい、典型的な中性子星は半径10キロメートル程度で、質量は太陽と同程度です。

太陽と同じ程度の質量なら、大したことないのでは？　と考える方もいるかもしれませんが、半径に注目してください。太陽の半径が約70万キロメートルなのに対し、中性子星は約10キロメートルです。これはとんでもない密度です。したがって時間の遅れも大きく、中性子星の表面での時間の進み方は、地球の5分の4程度になります。

これは地球で1時間経ったときに中性子星を見ると、まだ48分しか経っていないということです。つまり地球で5年が経ったとき、中性子星では約4年しか時間が経っていないことになります！　中性子星でいかに時間の進み方が遅くなっているか、おわかりいただけたのではないでしょうか。

ブラックホールは、巨大な重力のかたまり

ここからは、一般相対性理論によって予言された奇妙な天体「ブラックホール」についてお話ししましょう。ブラックホールとは、あまりにも重力が大きく、物を無限に吸いこむ天体です。ブラックホールに光が吸いこまれると、光は2度と外に出ることはできません。

なんともおそろしい存在ですが、はたしてどのように生まれるのでしょうか。ブラックホールは、太陽よりも25倍程度以上重い、重量級の恒星が最期を迎えるとできると考えられています。つまりブラックホールは「恒星が死んだあとの姿」なのです。

恒星が燃え尽きると、恒星の中心部はみずからの重力で収縮をはじめます。恒

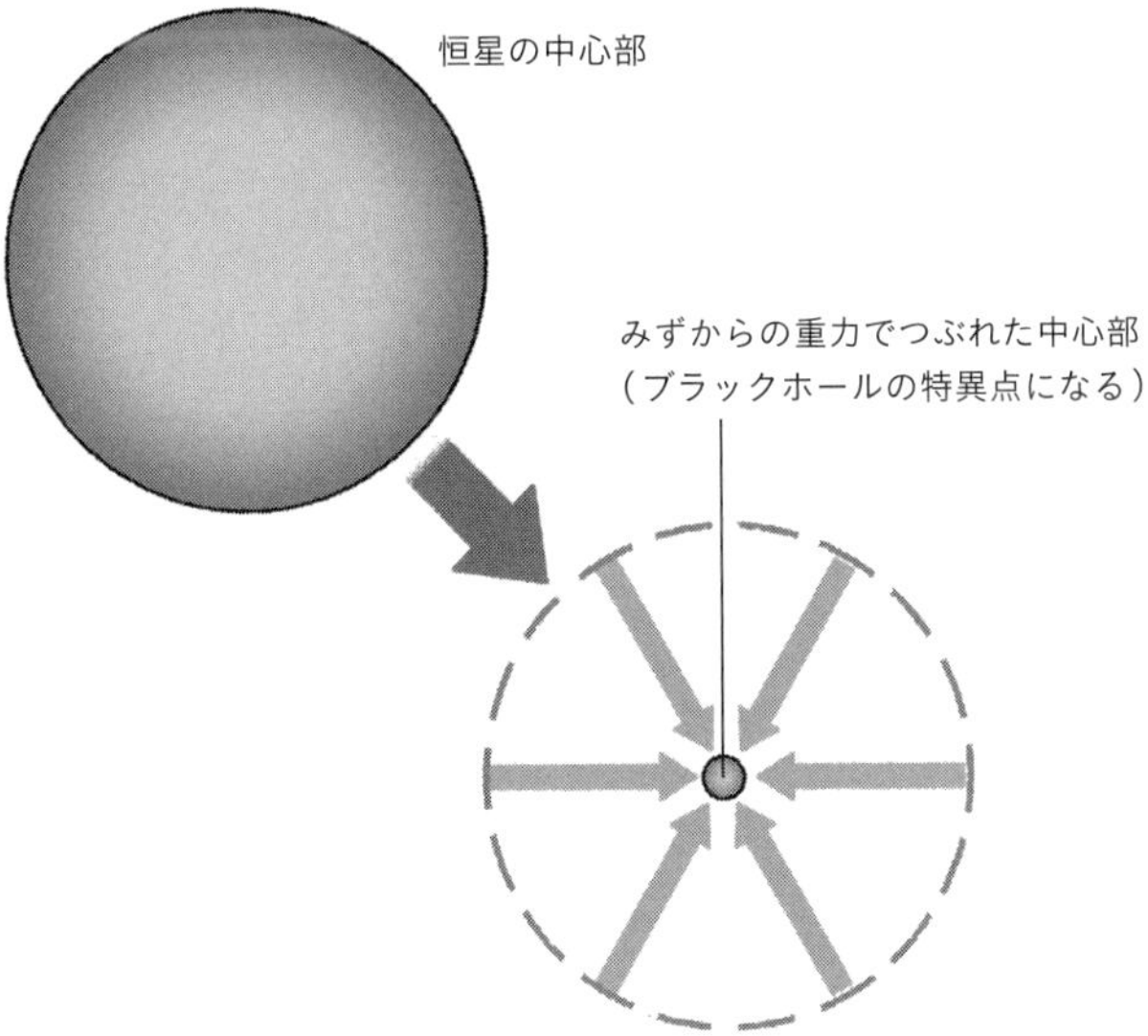

図4-17.　ブラックホールの特異点

恒星がみずからの重力でつぶれた中心部が、ブラックホールの特異点（本体）になる。

星の中心部の重力はあまりに強いため、1点につぶれると考えられています。

その結果、中心には「特異点」とよばれる「大きさゼロで密度無限大の点」が、計算上、生じることになります（図4−17）。この特異点こそブラックホールの本体です。

特異点は密度無限大のため、ある一定の範囲に近づくと、光でさえも逃げることができずに吸いこまれます。このように、光が脱出できなくなる範囲の境界面を「事象の地平面」といいます。ブラックホールとは、この事象の地平面の「内側の空間全体」をさす言葉なのです。

ちなみに、ここで説明したのは恒星程度の質量をもつブラックホールの場合です。ほかにも銀河の中心には、恒星の100万倍以上もの質量をもつ巨大ブラックホールが存在すると考えられています。

ただし巨大ブラックホールがどのように形成されたのかは、まだはっきりとわかっていません。いずれにせよ一歩でも事象の地平面の内側に入れば、光は特異点に向かって吸いこまれていくことしかできないのです。

事象の地平面は外から見ると球状です。さらに、そこからはいっさい光が発せられません。そのため、ブラックホールはその名の通り黒い穴に見えます。

しかしブラックホールの周囲にガスなどの物質があった場合、吸いこまれるガスどうしがこすれ合い、その摩擦熱で加熱され、明るく輝きます。実際にこの輝きは天文観測で数多くとらえられており、これによりブラックホールの存在が確かめられてきました。ブラックホールは、天文学における主要な観測対象の一つなのです。

ブラックホールの表面では時間が止まる

ブラックホールは、非常に大きな重力をもっているわけですから、その周囲の時間の遅れも大きくなります。事象の地平面の半径の約13倍の地点では、時間の進み方は地球の2分の1程度となります。つまり地球で2年経っても、この地点では1年しか経っていないことになります。

そしてさらにブラックホールに近づくと、事象の地平面の表面では、なんと時間の流れが完全に止まってしまいます！　だれもブラックホールに近づいたことがないため、実際に確認することはできませんが、理論上はそうなるのです。

時間が止まるとは、どのような状態なのでしょうか。たとえばブラックホールに落ちていく宇宙船を、遠くはなれた場所の母船から観測するとします。はじめはブラックホールの重力の影響を受け、どんどん加速していきます。

しかし、ある程度近づくと状況は変わります。ブラックホールの近くでは時間の流れが遅くなるため、宇宙船が徐々に遅くなっていくように見えるのです。そしてブラックホールの表面では、宇宙船は完全に静止してしまいます。したがって、事象の地平面を通り過ぎる宇宙船を見ることはできません（図4－18）。

ブラックホールの表面で宇宙船が静止するということは、宇宙船はブラックホールの中に吸いこまれずに助かるのでしょうか？ 残念ながら、宇宙船が止まって見えるのは、あくまでブラックホールから遠くはなれた母船から観測した場合のお話です。母船と宇宙船では時間の流れがちがうため、母船から見ると「宇宙船が静止したように見えるだけ」なのです。つまり、乗っている人にとっては、時間はいつも通りに流れていきます。

ですから宇宙船の中の人からすると、宇宙船は事象の地平面で止まることなくそのまま、ブラックホールへと落ちていくことになります。

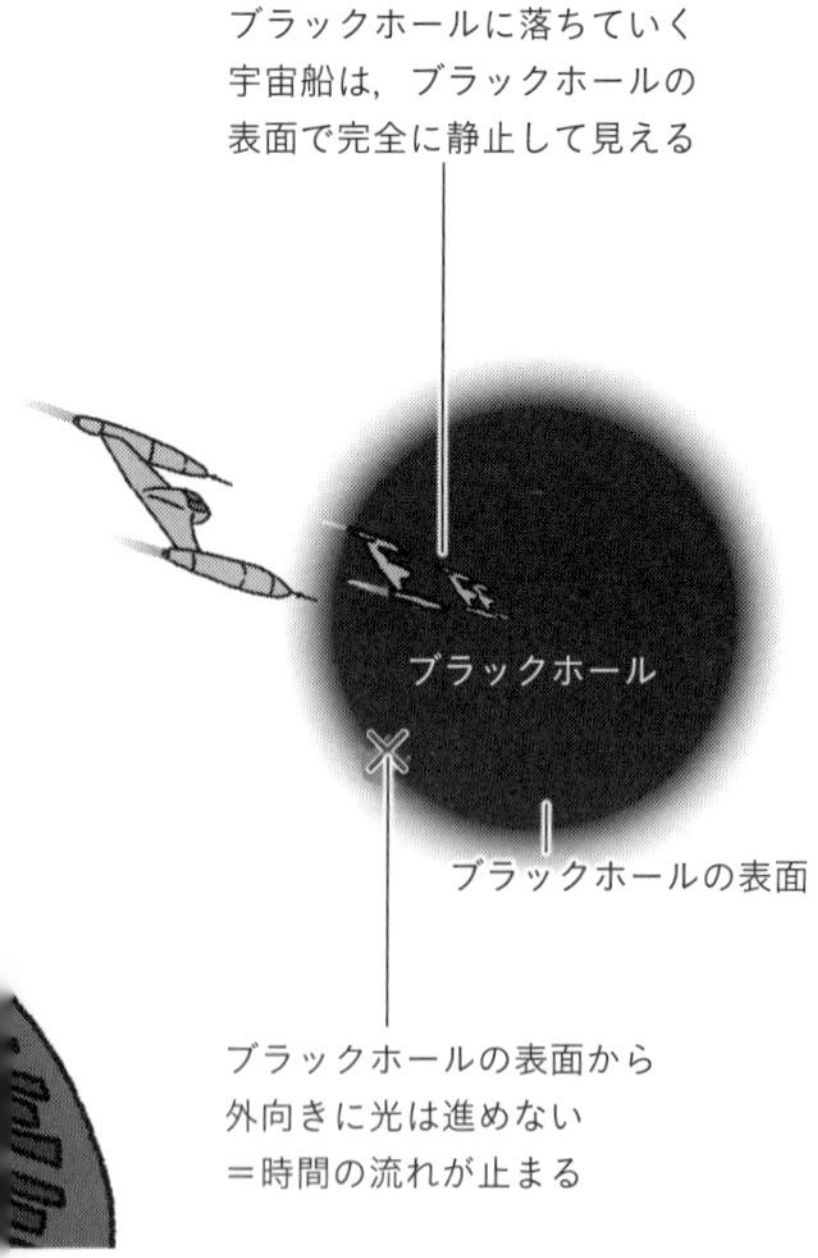
ブラックホールに落ちていく
宇宙船は，ブラックホールの
表面で完全に静止して見える
ブラックホール
ブラックホールの表面
ブラックホールの表面から
外向きに光は進めない
＝時間の流れが止まる

図4-18.　事象の地平面の表面では、
時間の流れが完全に止まる

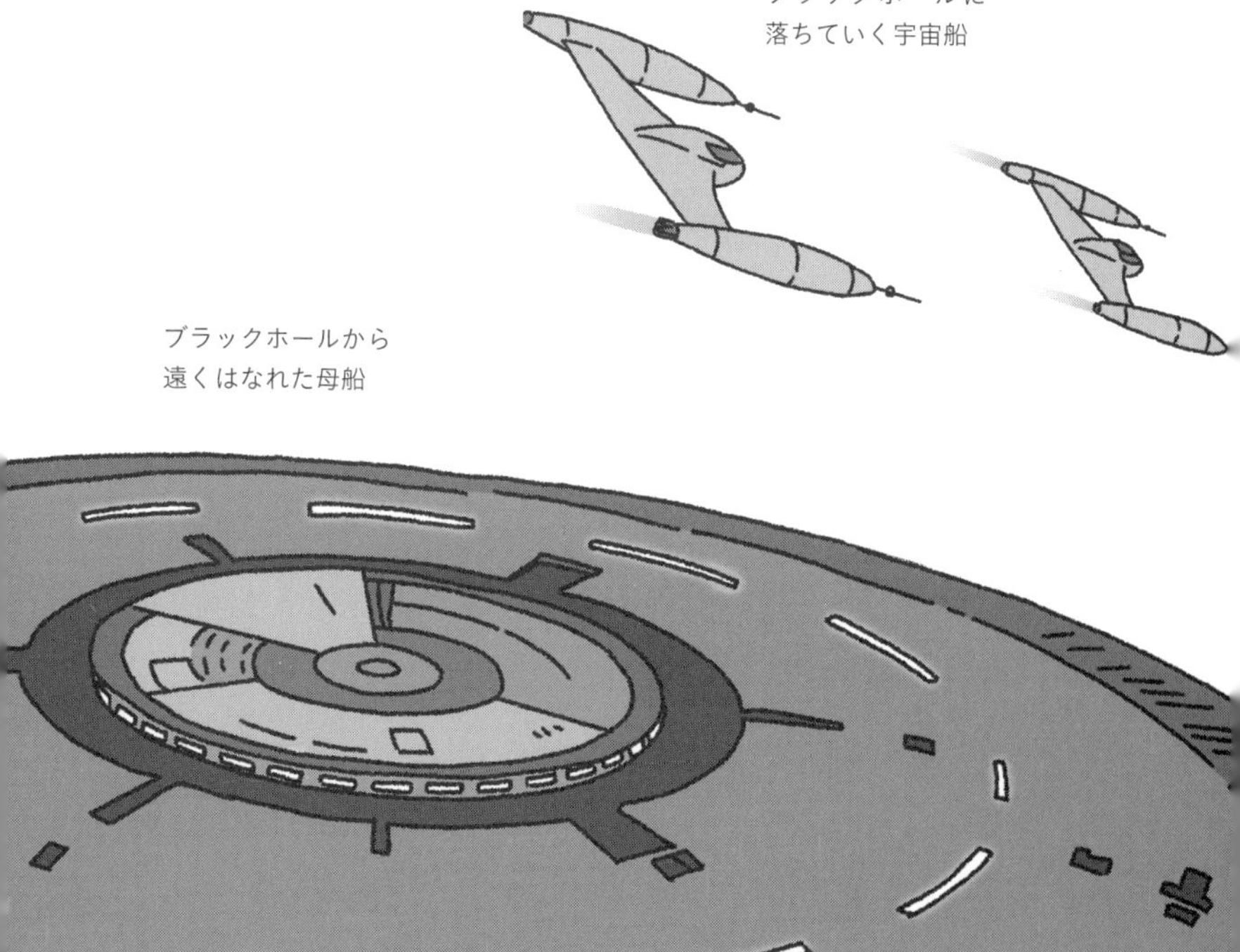

ただしブラックホールに近づくと、その強力な重力の影響で、普通の宇宙船であれば、吸いこまれる以前にバラバラにされてしまうかもしれませんが。

第5章

相対性理論で
タイムトラベルはできるのか

宇宙船の兄と地球の弟、どちらが先に年をとる？

第5章では、相対性理論にもとづいた「タイムトラベル」について考えていきましょう。相対性理論によると、時間の進み方は絶対的なものではなく、立場によって変わるものでした。では、時間の進み方のちがいを利用してタイムトラベルをすることはできるのでしょうか？

次のような状況を考えてみましょう。20歳の双子の兄弟がいるとします。兄は「光速の80％」で進むことができる宇宙船に乗り、地球から24光年の彼方にある惑星をめざします。宇宙船は惑星に到着したら、すぐに帰路につきます。一方の双子の弟は、地球で兄の帰りを待っています。

光速の80％の宇宙船というと大変速いスピードですが、それでも宇宙船が地球と目的地を往復するには、単純計算で「60年」(48光年÷0.8) かかります。

宇宙船が出発するとき、双子の兄弟はともに20歳です。さて、兄が帰還して地球で再会するとき、双子の兄弟は何歳になっているでしょうか？

単純計算なら60年後に兄が帰還して、80歳になっているはずですが、時空は伸び縮みするという相対性理論の効果を考えると、二人が再会するときには実は80歳にはなりません。宇宙船は高速で移動しているため、おたがいに時間が遅れる影響が出てくるはずなのです。

高速の宇宙船の中は、時間がゆっくり流れる

双子の兄弟の状況を、まずは特殊相対性理論をもとに考えてみましょう。

地球に残った弟の視点で兄の帰りを待つことにします。特殊相対性理論によると、移動速度が速いほど時間の進み方がゆっくりになるのでしたね。光速の80％で進む兄の時間の流れは、止まっている弟の60％に遅くなります。

つまり地球で待っている弟にとって60年が経過したとき、宇宙船の中はまだ36年（＝60年×0.6）しか経過していないことになります。したがって60年後に兄が帰ってきた場合、兄は56歳です（図5－1）。

そのとき弟は80歳です。宇宙船の中では36年しか経っていないにもかかわら

図5-1.　弟の視点

地球で待つ弟にとって60年が経過したとき、宇宙船の中はまだ36年（＝60×0.6）しか経っていない。

ず、地球では60年が経過していたわけですから、弟の視点で考えると、兄は未来の地球にタイムトラベルしたといえるでしょう。

地球の時間もゆっくりになる？

しかし、いまの説明は本当に正しいのでしょうか？　特殊相対性理論では、時間の遅れはおたがいさま、ということを思いだしてください。今度は宇宙船に乗っている兄の視点で考えてみましょう。

宇宙船に乗る兄の立場からすれば、あくまでも宇宙船は止まっていて、地球のほうが宇宙船の後方へと光速の80％で遠ざかり、帰還するときには、同じく光速の80％で近づいてくるように見えます。兄からすると高速で移動しているのは、弟のほうなのです。

特殊相対性理論によると、動いているものの時間の進み方が遅くなります。つまり、宇宙船の兄から見ると、地球のほうこそ時間の流れる速さが自分（宇宙船）の60％に遅くなっているということです。

それだけではありません。動いているものは、進行方向に対して長さが縮みます。兄が光速の80％で移動すると、進行方向の長さが60％に縮みます。宇宙船の兄から見ると、地球を含む周囲の宇宙全体が動いているわけですから、宇宙全体が進行方向に対して60％に縮むのです。

今回の例では、目的地の惑星までの距離も60％に縮み、24光年ではなく14・4光年（24光年×0.6）になります。距離が短くなるため、宇宙船は目的地に18年（24光年×0.6÷0.8）で到着することができます。往復にかかる時間は36年です。

20歳のときに宇宙船に乗って地球を出発した兄は、36年後に地球に帰還します。そのとき兄の年齢は56歳です。しかしその間、兄から見ると動いているのは地球のほうです。地球の時間の流れは自分の60％に遅くなっており、往復にかかる36年の間に、地球では21・6年（36年×0.6）しか経っていないことになります（図5－2）。

兄は36年の時間が経ったため56歳。弟は21・6年の時間が経ったため41・6歳。先ほどの弟の視点で考えると兄のほうが若かったにもかかわらず、今度は弟のほうが若くなってしまいました！　どちらの視点で考えるかで、結果が変わっ

図5-2.　兄の視点

宇宙船の兄にとって、地球の時間の流れは自分の60％に遅くなっているため、往復36年の間に、地球では21.6年しか経っていない。

てしまったのです。この矛盾を「双子のパラドックス」といいます。

兄の加速・減速・折り返しで「時間の差」が生じる

パラドックスとは一見正しいと思える論理から、納得しがたい結論に行き着いてしまう問題のことです。では弟と兄の視点は、結局どちらが正しいのでしょうか？　結論としては、再会時には宇宙を旅してきた兄のほうが若くなるという弟の視点が正しいことになります。

その要点となるのは、地球にもどるために進行方向を逆向きに変える「折り返し」です。この折り返しがあるために、兄と弟の立場を単純に置きかえて考えることはできないのです。

両者が一定の速度で一定の方向へと進む等速直線運動をしているかぎりは、おたがいに相手の時間のほうがゆっくりと流れます。ただし今回の場合、弟は地球にずっととどまっていますが、兄は途中で折り返して進行方向が変わるため、往路と復路で同じ等速直線運動をしているわけではありません。地球で静止している弟と、折り返しの際にかならず加速度運動を行う兄は、対等には論じられないのです。

相対性理論によると、兄の宇宙船が進行方向を変えた瞬間、地球にいる弟の時間が一気に進みます。それにより兄から見ると折り返し前には自分より年下だった弟が、折り返し後には急に何十歳も年上になっているという奇妙なことがおきるのです。

少々むずかしいですが、兄の経過時間のほうが短いという事実をメールの送受信で確認してみましょう。相手の時間経過を知るために、兄弟がたがいに6年ごとに相手にメールを送信します。図5－3が弟から兄へのメール送信、図5－4が兄から弟へのメール送信をえがいたグラフです。

弟の位置をグレーの太線、兄の位置を白い太線で示しています。縦軸は地球からの距離です。地球と宇宙船の経過時間は、それぞれの太線の近くに示しています。

兄と弟は、自分の時間で6年経過するごとに相手にメールを送ります。メールは電波で送信され、電波は光の一種ですから光速で進みます。

まず、図5―3から、地球の弟から送ったメールについて考えてみましょう。往路では宇宙船はメールから逃げるように進むため、1通目のメールは宇宙船が目的地に着いて折り返す「18年目」にようやく届きます。折り返し後の宇宙船は地球にどんどん近づいていくため、メールが短い間隔（2年ごと）で届くようになります。そして最終的に、宇宙船の兄は36年間で地球の弟からの「60年分」のメールを受信します。

次に図5―4から宇宙船の兄から送ったメールについて考えてみましょう。目的地で折り返すまでに宇宙船から送信した3通のメールは、地球では「18年ごと」に受信されます。宇宙船が折り返したあとは地球との距離が短くなっていくため、メールはやはり短い間隔（2年ごと）で地球に届くようになります。そして最終的に、地球の弟は60年間で宇宙船の兄からの「36年分」のメールを受信するというわけです。

宇宙船の折り返し前後でメールの受信間隔は変わりますが、最終的に兄は図5―3のように36年間で弟からの60年分のメールを受信し、弟は図5―4のように60年間で兄からの36年分のメールを受信することがわかります。これは「兄の経

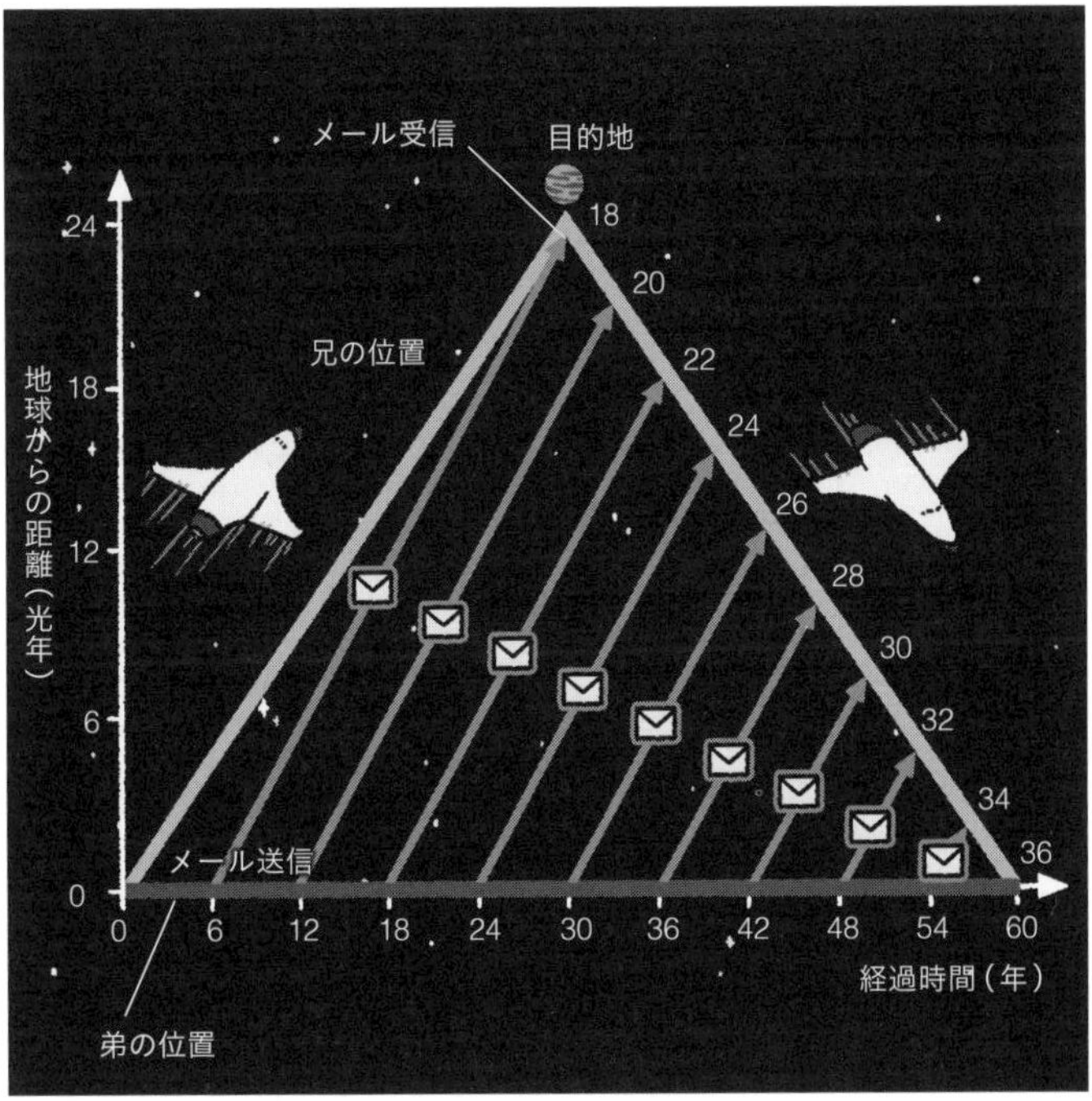

図5-3.　弟から兄へ6年ごとにメールを送信

最終的に、宇宙船の兄は36年間で地球の弟からの60年分のメールを受信する。

過時間のほうが短い（地球での再会時に兄のほうが若い）」という、弟視点の計算結果と一致していますね。

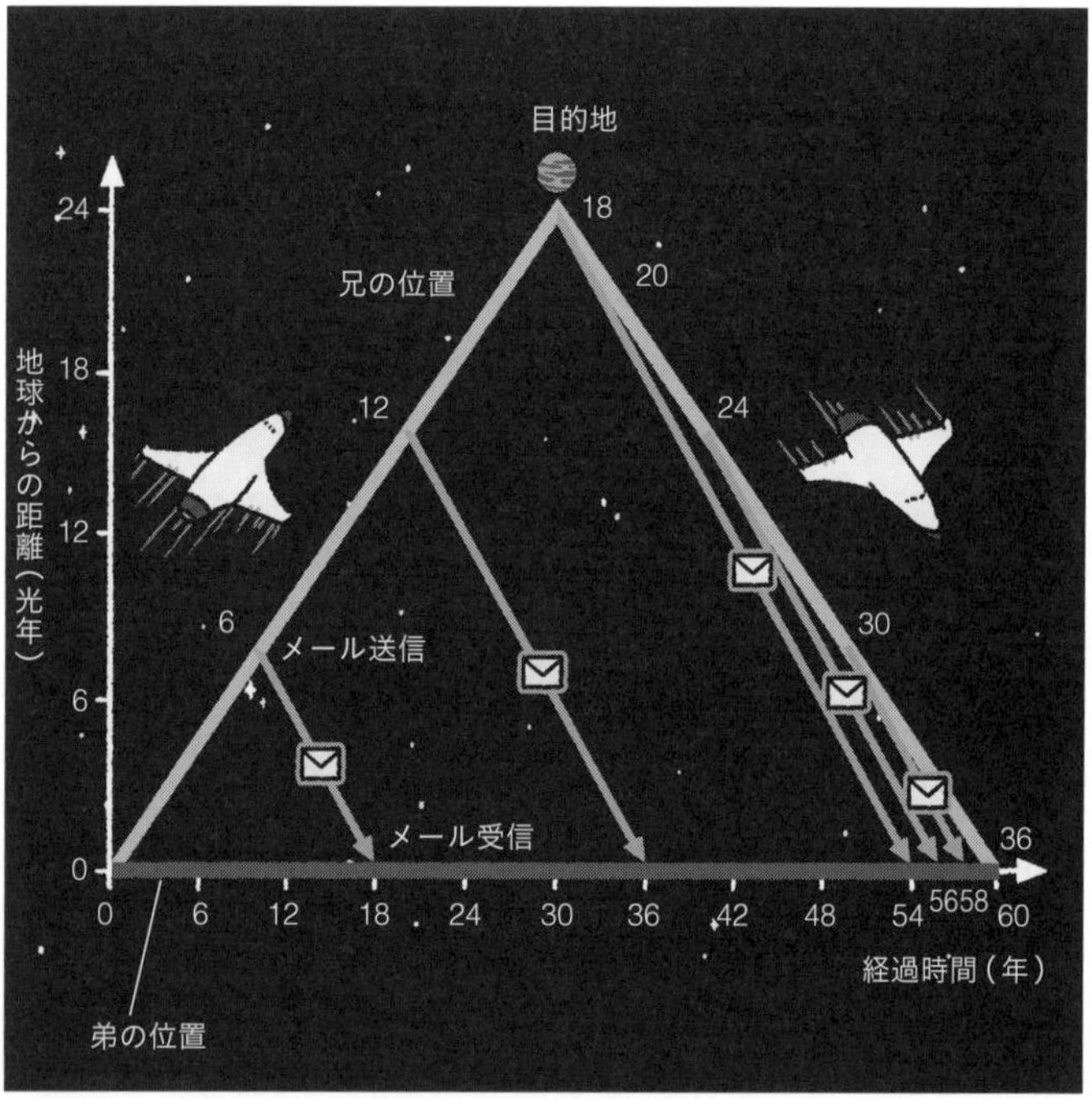

図5-4.　兄から弟へ6年ごとにメールを送信

最終的に、地球の弟は60年間で宇宙船の兄から36年分のメールを受信する。

一般相対性理論で考える宇宙船と地球の時間

ここまで、兄は一瞬で地球から加速し、さらに一瞬で逆方向に折り返すという現実ばなれした設定で考えました。ここからは一般相対性理論を考慮し、宇宙船の加速・減速も加味して考えてみましょう。

加速・減速をすると、慣性力が生じます。一般相対性理論では慣性力と重力は同じものとみなせますから、加速や減速をすると、時間の進み方が遅くなるという現象が生じます。この現象は、おたがいさまではありません。だれから見ても加速・減速するほうが時間が遅くなるという、絶対的な遅れです。

反対に、地球にとどまっている弟は加速・減速を行いませんから、弟の視点で考えるときには、とくにこの現象を考慮する必要はありません。加速が時間に影響するのは宇宙船の兄だけ、ということです。

宇宙船に乗る兄は、地球を出発するときの加速、目的地に着陸するときの減速、目的地を出発するときの加速、そして地球に着陸するときの減速という、少

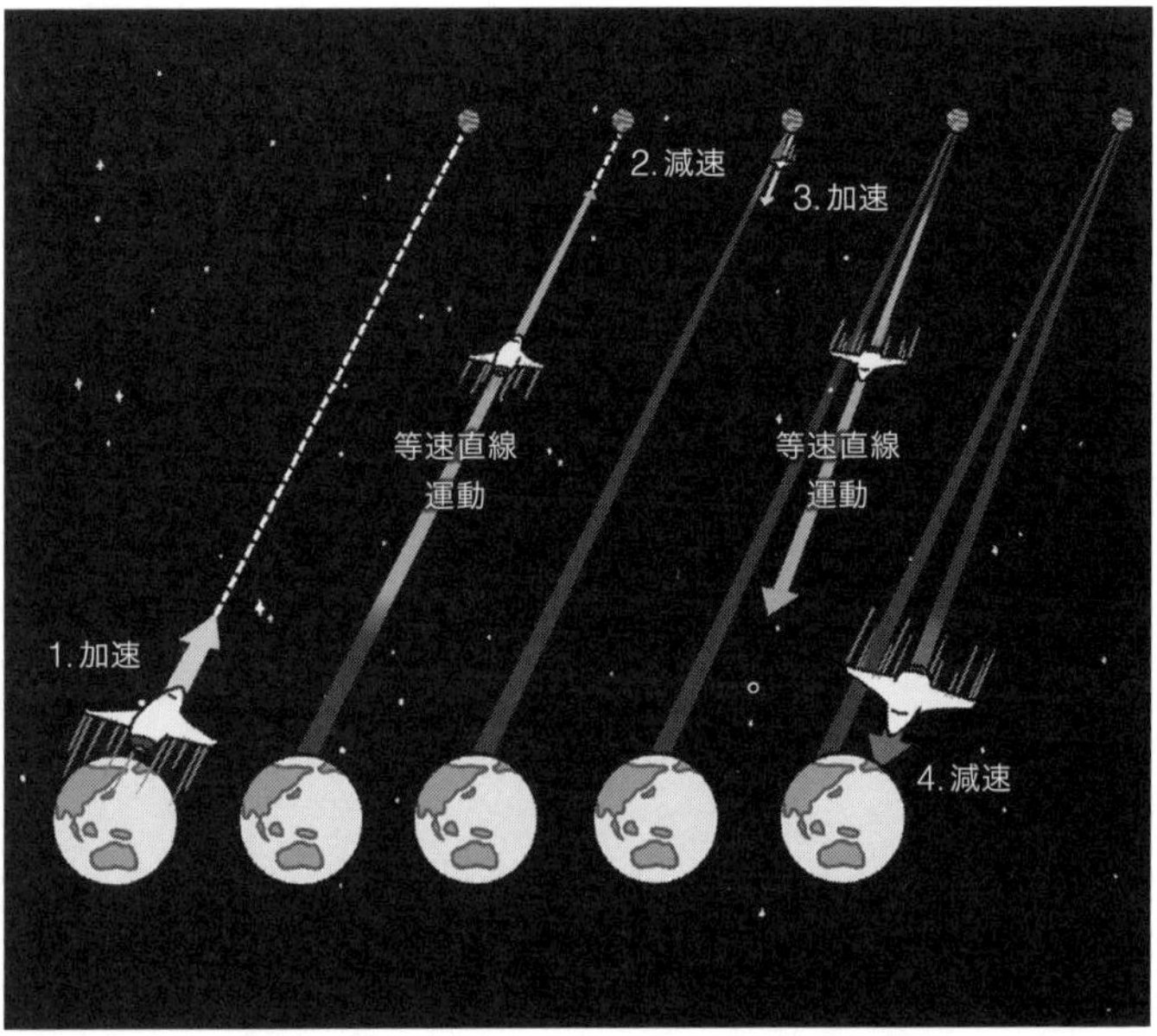

図5-5.　計4回の加速・減速で、絶対的な時間の遅れが生じる

なくとも計4回の加速・減速を行います（図5－5）。この計4回の加速・減速のときに、絶対的な時間の遅れが生じるのです。

まず、地球を出発して速度が上がって光速に近づくと、宇宙船の外の空間は急激に縮みます。そして宇宙船が目的の惑星に着陸するために減速をはじめると、周囲の空間が急に伸びはじめ、これまで宇宙船の後方14光年ほどの距離にあった地球が、24光年先まで遠ざかっていくことでしょう。目的の惑星を飛び立つときは、加速にともなって空間が縮みはじめます。今度は24光年先にあった地球が14光年ほどの距離まで近づいてきます。

この加速・減速によって、兄の時間の進み方は急激に遅くなります。そのため兄から見た弟の時間は急激に進み、弟は急に年をとることになるというわけです。

往復の等速直線運動の期間は、兄から見た弟の時間がゆっくり進みます。ですが宇宙船出発時の加速、折り返し、そして着陸時の減速によって兄の時間が遅れる効果のほうが大きいため、地球で再会すると兄のほうが若いという結論になるのです。

つまり、一般相対性理論を考慮して加速や減速を加味しても、やはり兄のほうが若いことになります。いわば兄は、未来の地球へのタイムトラベルに成功したのです！

ブラックホールを使って、未来へタイムトラベル！

ここまで説明してきた双子のパラドックスでは、宇宙を旅した兄が自分の時間よりも地球の時間のほうが速く進んだことで、昔話の浦島太郎のように「未来」の地球へと帰ってきました。つまり、相対性理論が示す時間の遅れ（時間の伸び縮み）をうまく利用すれば、未来へのタイムトラベルは可能ということがわかりましたね。

しかし、実はほかにも未来へタイムトラベルする方法が、相対性理論にもとづいていくつか提案されています。その中でも「強い重力による時間の遅れを利用する」方法がわかりやすいため、紹介しましょう。

それは、「強大な重力をもつブラックホールを利用する」という方法です。ただしブラックホールの中に入ってしまうと地球にもどってこられなくなりますから、あくまでもブラックホールに近づくだけ、という前提です。

ブラックホールの近くでは、その強大な重力によって時間の進み方が遅くなり

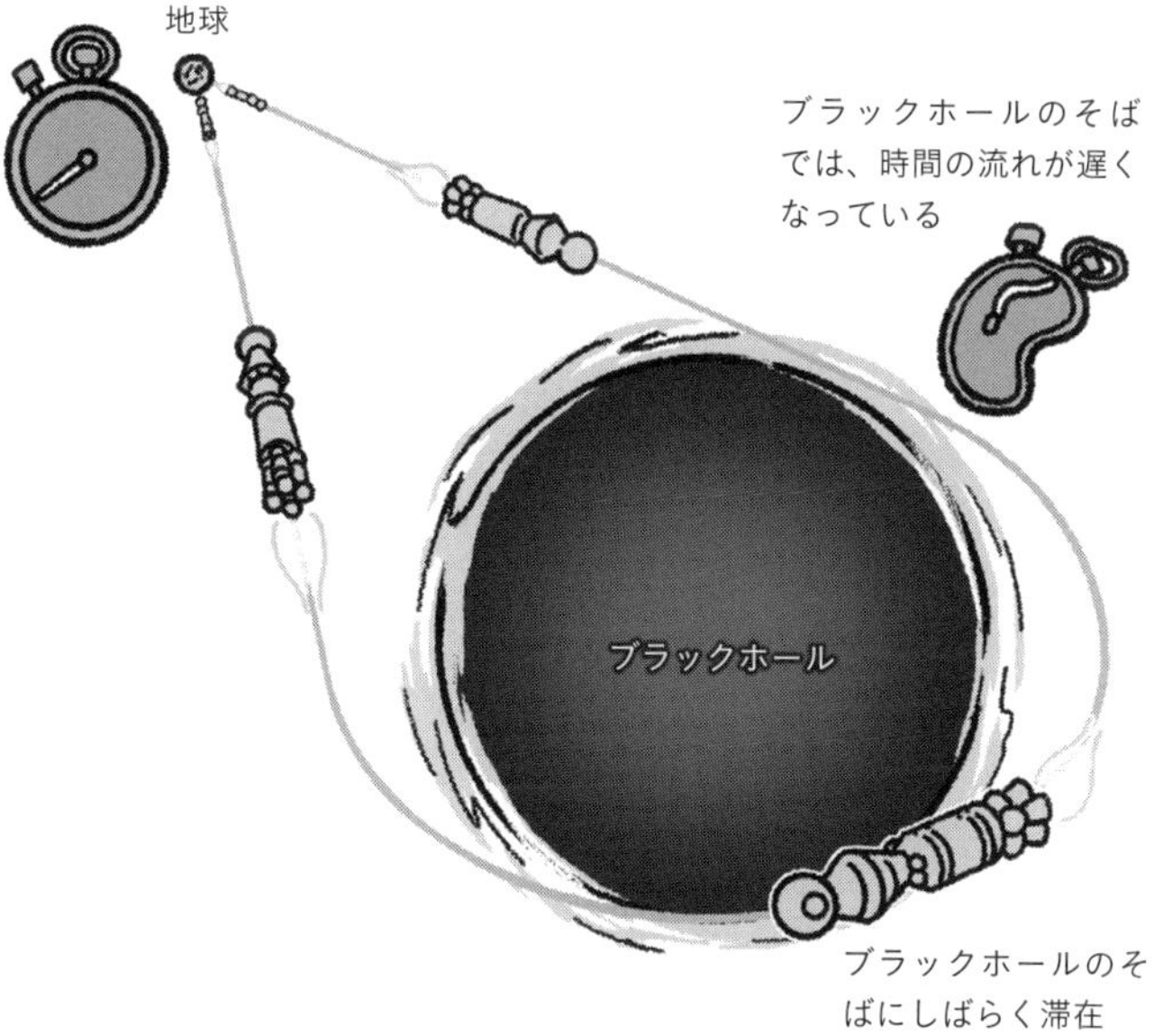
地球
ブラックホールのそば
では、時間の流れが遅く
なっている
ブラックホール
ブラックホールのそ
ばにしばらく滞在

図5-6.　ブラックホールを使った未来へのタイムトラベルの方法

ます。そこに一定期間滞在すれば、その間に地球の時間はどんどん先に進みます。

そして適当な時期にブラックホールからはなれて地球にもどれば、地球では100年経過しているのに、宇宙船の中の人にとっては3年しか経過していない、といった状況をつくることができるのです（図5－6）。この場合は、97年先の未来へのタイムトラベルができきたということになります。

ブラックホールは、私たちのすむ天の川銀河の中に数百万個あると考えられています。遠い将来、それらを利用できるかもしれないと思うと、何だかわくわくしてきますよね。ただ、ブラックホールを利用してタイムトラベルをするのはやはり危険なため、ほかの方法も紹介することにしましょう。

ブラックホールを利用する以外の方法としては、強い重力をおよぼす高密度な物体の内部ですごすことで、時間の進み方を遅くし、未来へ行くというものもあります。まず、木星と同程度の質量（地球の約318倍）の物質を圧縮し、半径6メートル程度の超高密度な球をつくります。この球は非常に高密度（大質量）で、周囲に強い重力をおよぼすため、球の内部では時間の進み方が遅くなります。

そのため、この殻の内部で5年過ごせば、外部では20年が経過する計算になります。つまり15年先の未来へのタイムトラベルができるのです。なお、殻の内部の空間は、重力が打ち消し合って、無重力状態になっています。

しかし、そもそも木星と同程度の質量の物質を圧縮して殻をつくることはでき

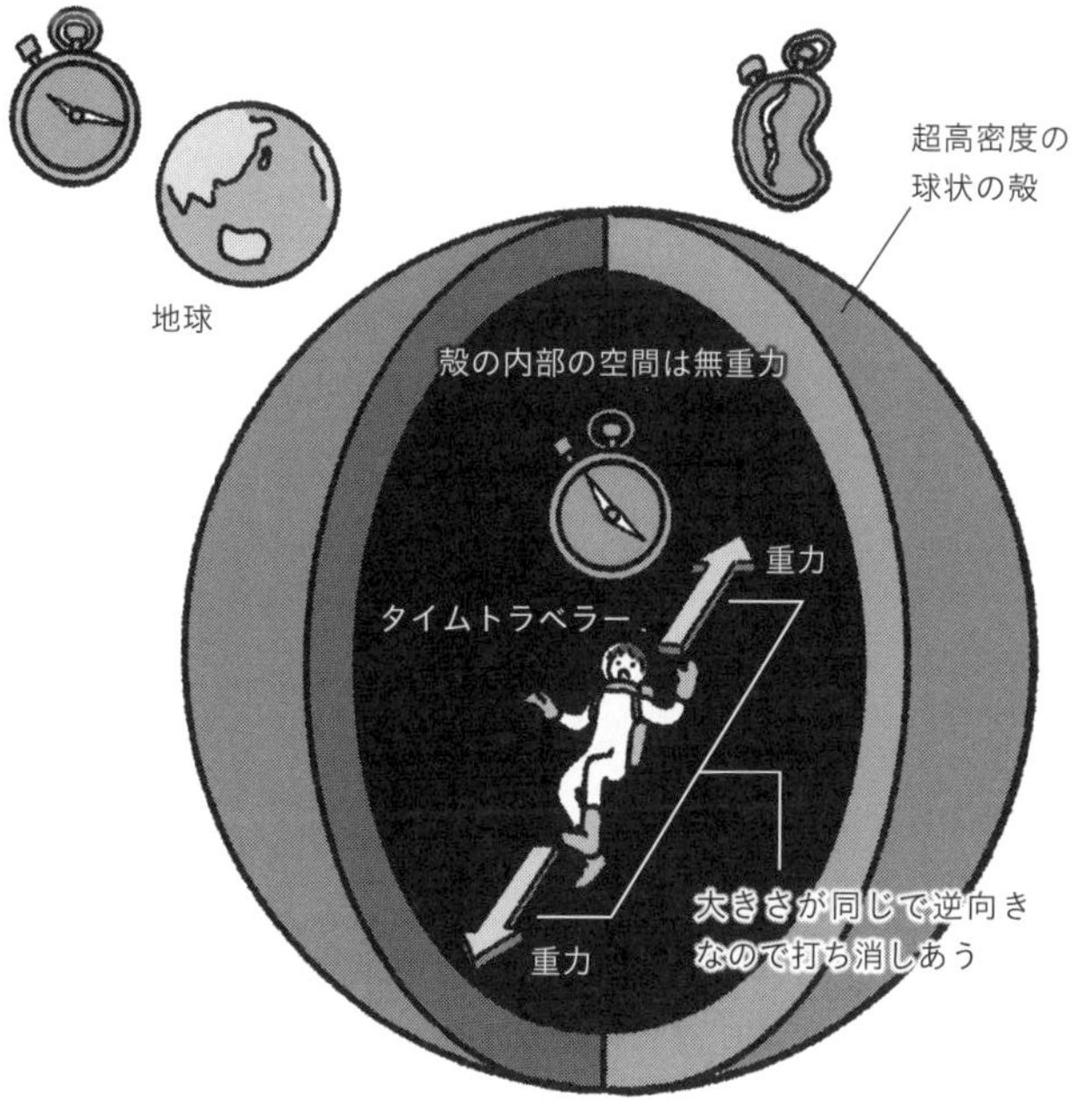

図5-7.　高密度な物体の内部ですごして、未来へ行く方法

るのでしょうか？　残念ながら、現在の科学技術をはるかに凌駕するテクノロジーが必要なのはまちがいないでしょう。しかし原理的には未来にタイムトラベルできる、ということです。

では次に、過去へのタイムトラベルはできないのでしょうか。本書の冒頭でもお話しした通り、特殊な状況のもとでは原理的に不可能ではないのかもしれませんが、答えは「むずかしい」です。

特殊な状況とは、たとえば、はなれた2地点を結ぶ「ワームホール」が実在していた場合です。ワームホールとは空間的、時間的にはなれた2地点を結ぶ時空のトンネルのことをいいます。二つの出入り口をもち、片方の出入り口に入ると、すぐに他方の出入り口から出られます（図5－8）。

1988年にアメリカの物理学者キップ・ソーン（1940〜）が、ワームホールを利用すれば、過去へのタイムトラベルが可能になることを一般相対性理論にもとづいて明らかにしました。まるでSFのような話ですが、時間差のあるワームホールの二つの出入り口の未来側から入り、過去側から出れば過去の世界へ行けるというのが、ワームホールを使ったタイムトラベルの原理です。

ただ、理論的に存在が予言されているワームホールですが、宇宙に実在する証拠は見つかっていません。

また、たとえ実在し、過去へのタイムトラベルが実現できたとしても、好きな時代にいけるわけではありません。原理上、ワームホールを利用したタイムマシンが完成した時代よりも昔に行くことはできないのです。

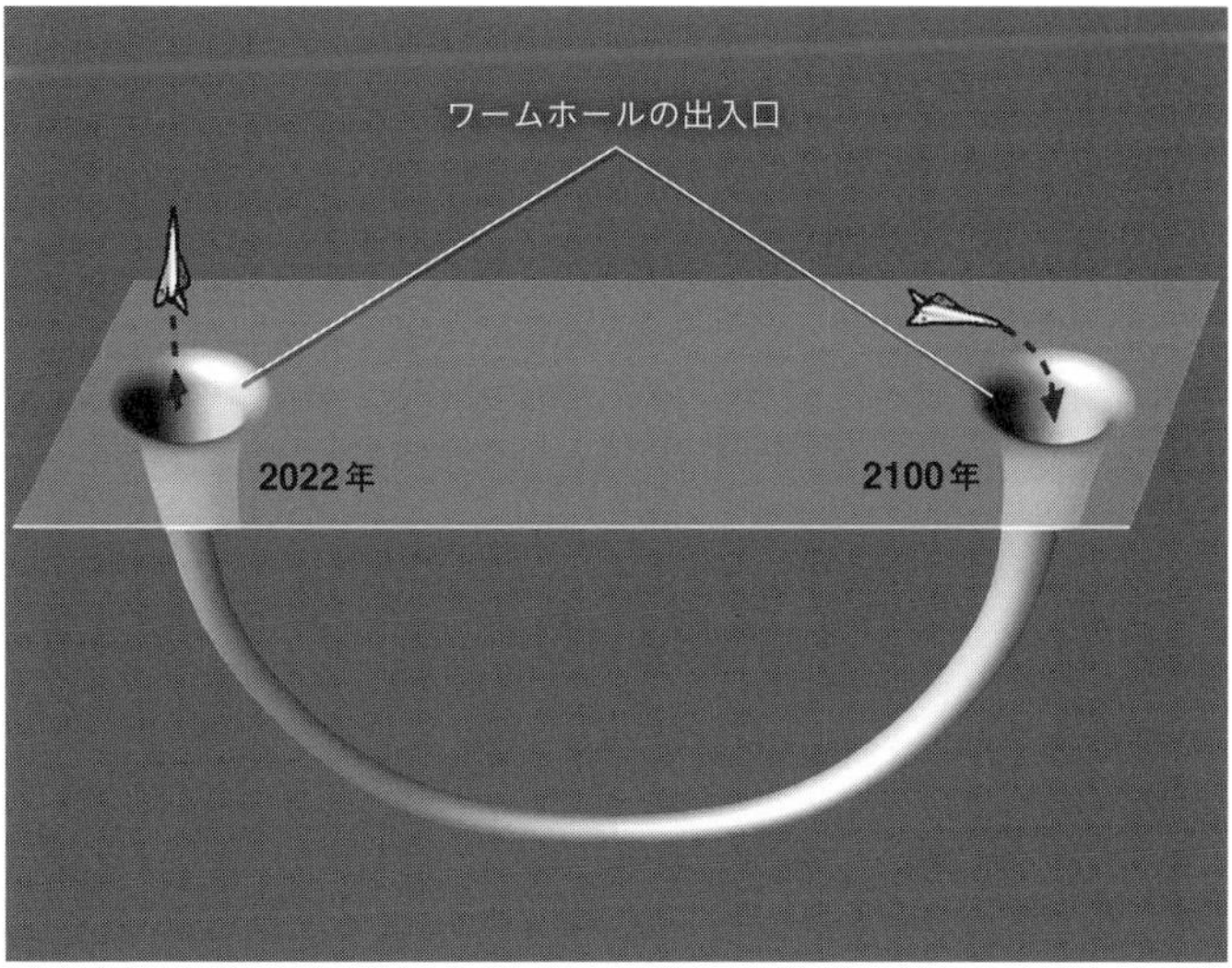

図5-8.　宇宙のはなれた2地点を結ぶ時空のトンネル「ワームホール」

この原則は、相対性理論にもとづいたワームホール以外の過去へのタイムトラベルでも同じです。そもそも過去へ行くことが可能になると、前述した祖父殺しのパラドックスのように矛盾が生じます。そのため、多くの研究者は過去へ行くこと自体が不可能だと考えています。たとえばイギリスの物理学者、スティーブン・ホーキング（1942〜2018）は、ソーンの考えたような過去に行けるような経路は、ミクロの物理法則である量子論の効果で発散してつぶれるという「時間順序保護仮説」

を提唱しています。つまり、相対性理論と並んで物理学の2本の柱の一つである量子論が、過去に行くタイムマシンを許さないのだといっています。

いずれにしても決定的な証拠はなく、過去へのタイムトラベルが原理的に可能かどうか、まだ結論は出ていません。

第6章

相対性理論と現代物理学

相対性理論が明らかにした、太陽が輝く理由

時空や重力についての常識をくつがえした相対性理論は、現代物理学はもちろんのこと、私たちの生活にも大きな影響をあたえています。第6章では、相対性理論による現代物理学や科学技術の発展について見ていきましょう。

第3章で、質量とエネルギーの関係をあらわす公式$E=mc^2$について説明しました。$E=mc^2$は、質量とエネルギーが本質的には同じものであることを意味しています。そして、この式はなんと太陽が輝くメカニズムの謎を解決に導いたのです。

実は20世紀に入るまで、太陽が輝くメカニズムは謎につつまれていました。相対性理論以前から、地球は少なくとも誕生してから数十億年は経っている、と考えられていました。しかし仮に太陽の質量のすべてが石炭で単にそれが燃えているだけだとしたら、数千年で燃え尽きてしまう計算になります。これでは太陽の寿命があまりにも短すぎます。太陽は私たち生命が生きていくのに不可欠な存在ですが、なぜ太陽が輝くのか不明だったのです。

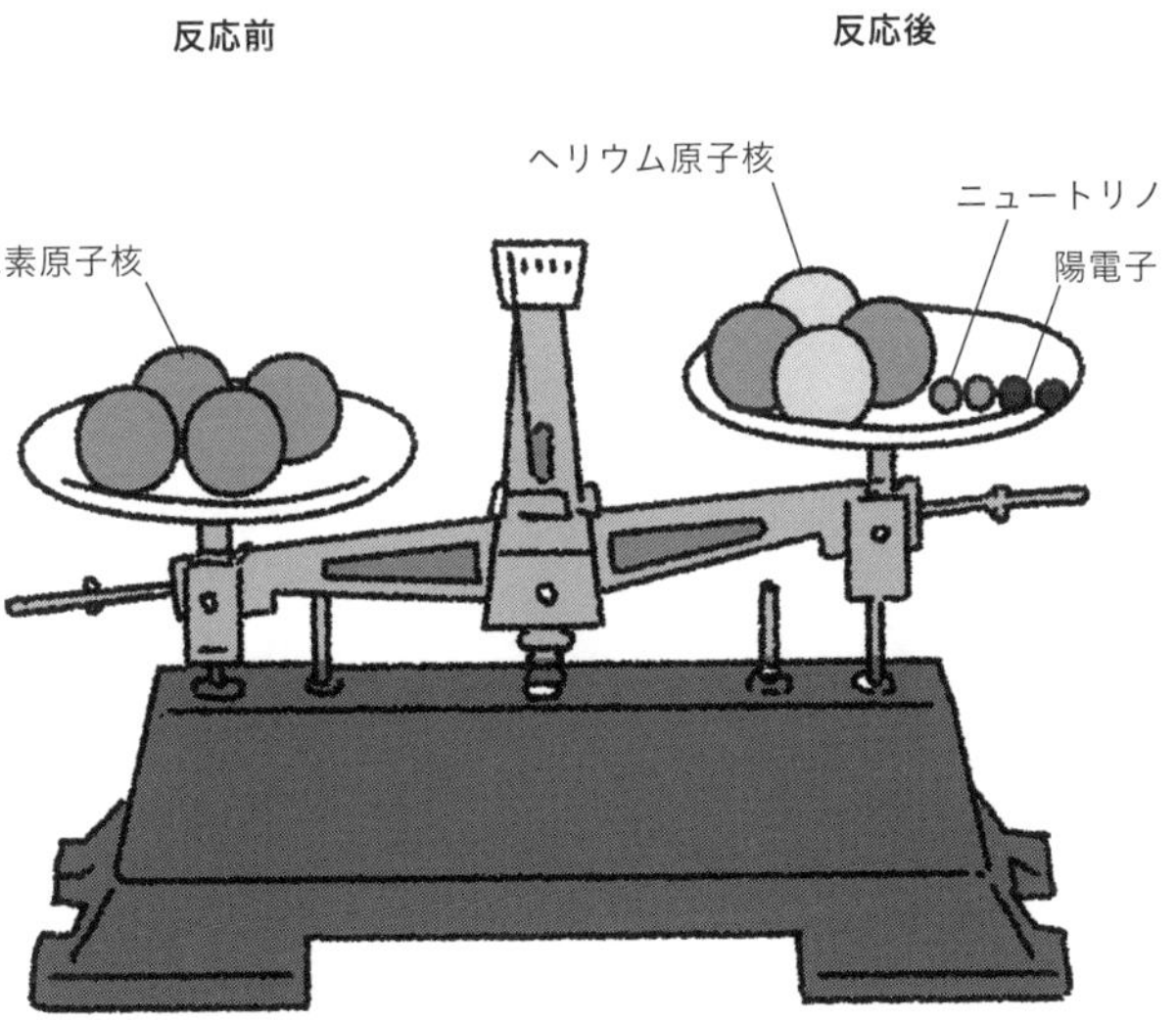

図6-1.　核融合反応の前後では、反応後のほうが質量が軽くなる

しかし特殊相対性理論がこの難問を解決しました！　太陽は「核融合反応」で光り輝いていたのです。

太陽の中心は水素からなり、約1500万℃、約2500億気圧という超高温・超高圧の状態にあります。このような環境では、4個の水素原子核が猛烈な勢いで衝突・融合することにより、ヘリウム原子核を生じる反応がおきます。これが「核融合反応」です。この反応の前後で質量をくらべると、約0・7％だけ反応後のほうが軽くなります

（図6－1）。その消えた質量の分、$E=mc^2$にしたがって膨大なエネルギーが生じます。このエネルギーによって、太陽は数十億年にわたって輝くことができるというわけです。

人類は$E=mc^2$を利用する手段を進化させてきた

$E=mc^2$は発電でも活躍しています。第3章では原子力発電の例を紹介しましたが、相対性理論以前からある「火力発電」も、$E=mc^2$で説明することができるのです。

火力発電は、石油が燃える際に放出されるエネルギーを利用しています。そのエネルギーは、石油1グラムあたり約10キロカロリーです。実はこのとき化学反応によって、反応前よりごくわずかに質量が減ります。その減少した質量が$E=mc^2$にしたがって、熱エネルギーに変換されているのです。このとき減少した質量のことを「質量欠損」といいます。

では実際に火力発電では、どのくらいの質量が減っているのでしょうか。石油

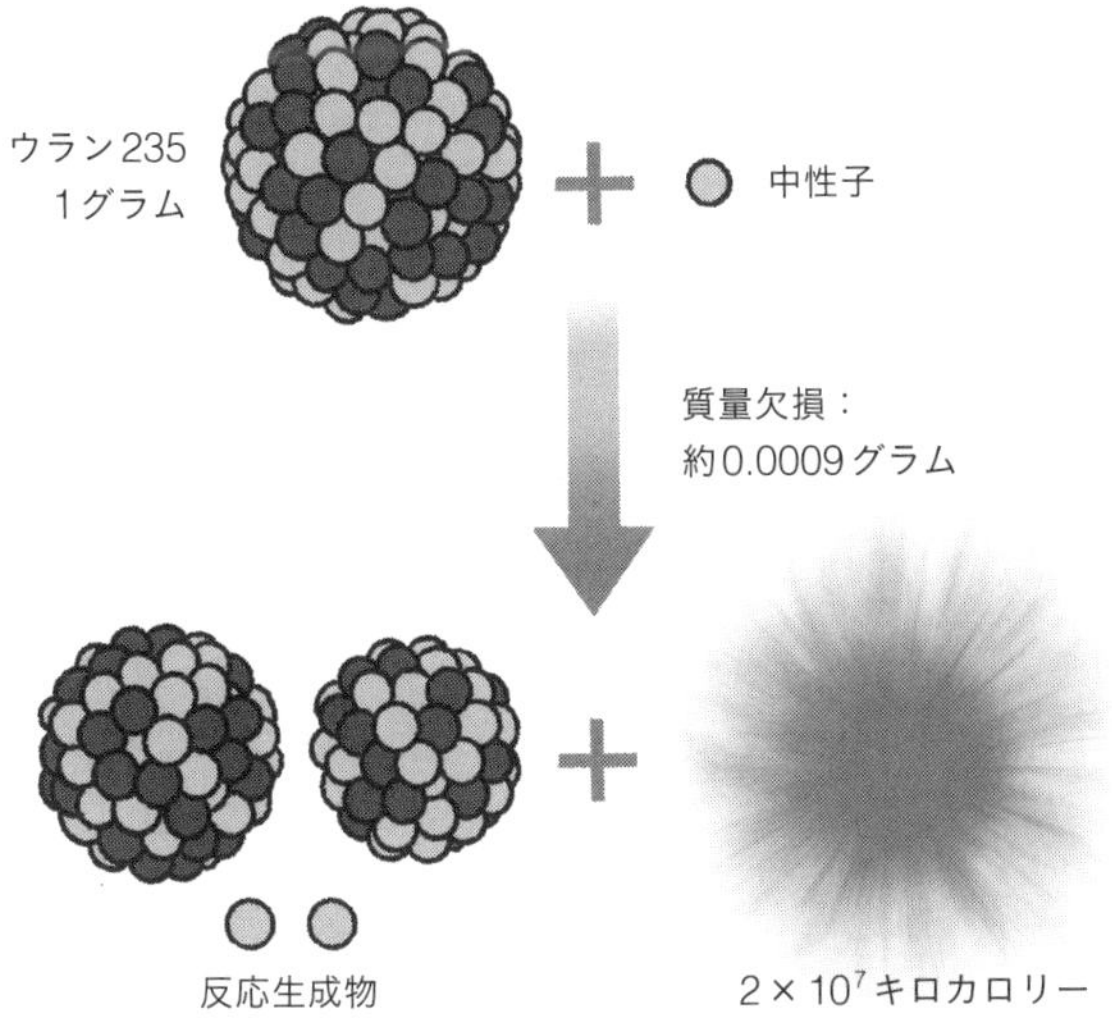

図6-2.　原子力発電のしくみ

質量欠損は燃料1グラムに対して約0.0009グラムと、火力発電より圧倒的に大きい。

1グラムを使う場合は、約100億分の4グラムだけ減少する計算になります。あまりに減少量が少なすぎるため、残念ながら実際に測定するのは不可能です。

質量欠損が大きければ大きいほど、発生するエネルギーは大きくなります。前述のように、原子力発電の場合は「ウラン235」の核分裂反応によって放出されるエネルギーを利用しています。この反応の質量欠損は、燃料1グラムに対して約0・0009グラムです。火

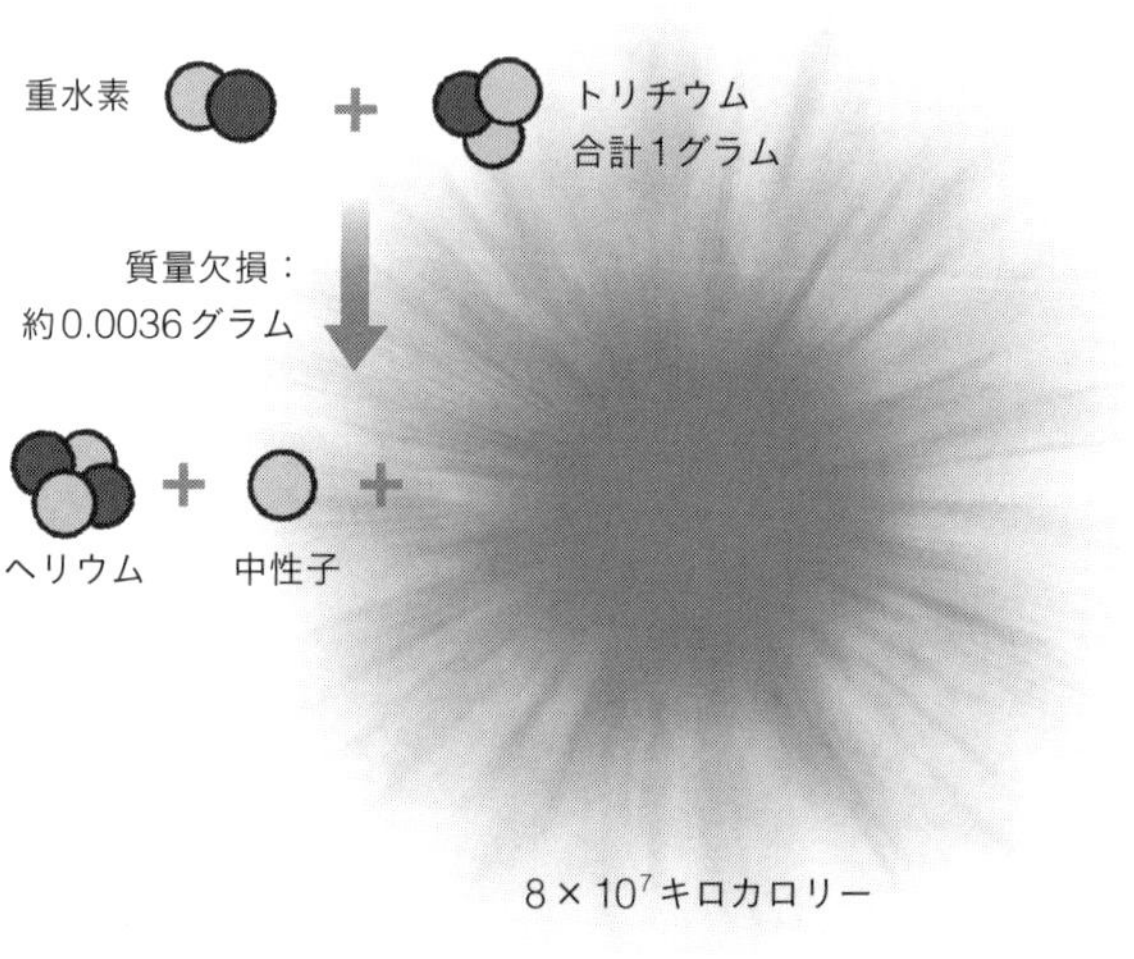

図6-3.　核融合発電のしくみ

反応前後の質量欠損は燃料1グラムあたり約0.0036グラムと、原子力発電よりもさらに大きい。

力発電にくらべて圧倒的に大きいことがわかりますね（図6-2）。ウラン235の核分裂反応では、燃料1グラムから約2000万キロカロリーが放出される計算になります。

さらに最近では新しい発電方法として「核融合発電」の開発が進められています。核融合発電とは、重水素とトリチウムの原子核が融合する「核融合反応」でエネルギーを取りだす発電法です。反応前後の質量欠損は燃料1グラムあたり約0・0036グラムと、原子力発電よりもさらに大きくなります。

核融合発電で1グラムの燃料から生じるエネルギーは、約8000万キロカロリーです（図6－3）。核融合発電は2030年代の実用化をめざして研究が行われており、エネルギー問題の解決に向けて期待されています。

体重の99％はエネルギー由来

さて突然ですが、私たちの体をどこまでも細かく見ていくと、最終的に何に行き着くと思いますか？ 私たちの体は、炭素や酸素といった「原子」からつくられています。しかし、実はこれが最小単位ではありません。原子はさらに分割できるのです。

原子を拡大して見てみると、すべて「原子核」と「電子」から構成されています。さらに原子核は「陽子」と「中性子」に分割できます。ではこの陽子と中性子が最小単位かといえば、これもちがいます。陽子や中性子はさらに分割できるのです。陽子や中性子はさらに「アップクォーク」と「ダウンクォーク」という粒子

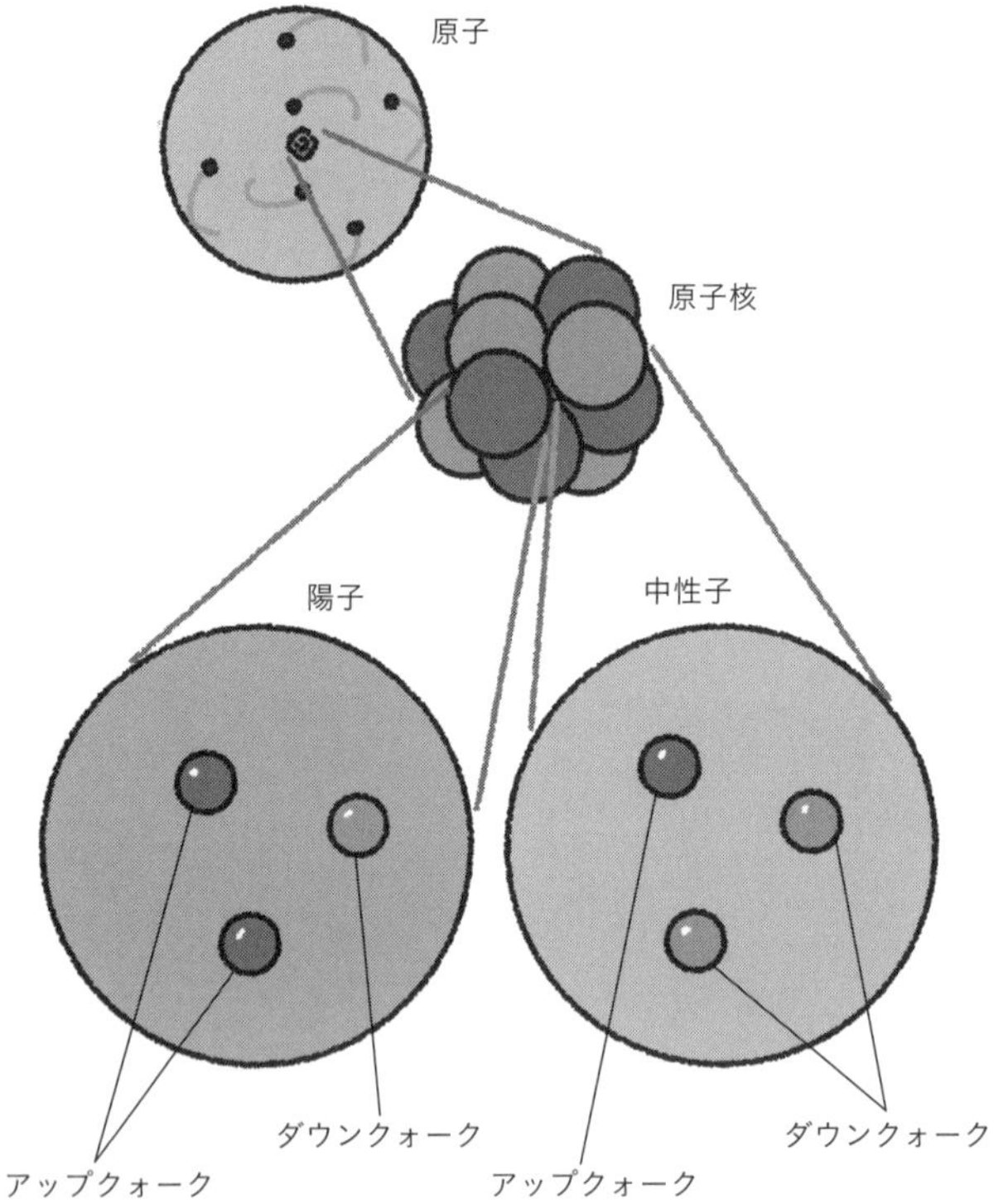

図6-4.　原子は何でできているのか

原子には原子核と電子があり、さらに原子核は陽子と中性子に分割できる。これらの粒子はアップクォークとダウンクォークからなる。

に分割できるのです（図6－4）。

アップクォークやダウンクォークは、これ以上細かく分割できない、物質を構成する最小の単位、すなわち「素粒子」だと考えられています。また、原子核のまわりをまわっている電子も素粒子です。私たちはこれらの素粒子からできているのです。

ここで原子をつくる素粒子たちの質量について考えてみましょう。まずアップクォークの質量は、同じ素粒子である電子の約5倍です。そしてダウンクォークの質量は電子の約10倍です。

原子核を構成する陽子はアップクォークが二つ、ダウンクォークが一つからできています。そこで陽子の質量を普通に計算すると5倍＋5倍＋10倍で、陽子は電子の20倍の質量をもつことになりそうですね。ところが、実際の陽子の質量は電子の約１８５０倍もあります。計算で求めたクォークそのものの質量（電子の20倍）は、陽子全体の質量の1％程度しかないことになってしまうのです。

では陽子の質量の残り99％は、どこからきているのでしょうか？　実はこれも$E=mc^2$で解き明かすことができます。

陽子の中の三つの素粒子は、光速に近いスピードでびゅんびゅん飛び交っています。つまり大きな「運動エネルギー」をもっているのです。運動エネルギーとは、その名の通り「動く物がもつエネルギー」です。速度が速いほど大きな運動エネルギーをもちます。

となると、光速に近い猛烈なスピードで飛んでいるクォークたちは、とても大きな運動エネルギーをもっていることになります。このエネルギーこそ、陽子の隠された質量の正体なのです。

$E=mc^2$によると、エネルギーと質量は同じものです。すなわち陽子の中のクォークの運動エネルギーを含めた総エネルギー量が、質量として測定されます。したがって陽子の質量のほとんどは、陽子を構成するクォーク自体の質量ではなく、それらのもつエネルギーに由来しているのです。

この世界のあらゆる物質は、素粒子が集まってできた原子でできています。ですから、たとえば私たちの体重のうち素粒子そのものの質量は1％ほどで、残りの約99％は、素粒子たちがもつエネルギーに由来しているわけです。

エネルギーから新たな素粒子をつくりだそう

$E=mc^2$が活躍する場面はまだまだあります。第1章でふれたように、素粒子物理学の分野では「粒子加速器（加速器）」で$E=mc^2$が活躍しており、粒子を加速してぶつける実験が行われています。世界最大の加速器は、スイスとフランスの国境にまたがる「ＬＨＣ」です。ＬＨＣは環状の装置で、その全長は東京都にあるＪＲ山手線に匹敵し、27キロメートルにもおよびます。このＬＨＣをはじめとする粒子加速器を使い、光速近くまで加速させた粒子を静止した標的にぶつけたり、粒子どうしを衝突させたりすることで、素粒子のふるまいを調べることができるのです。

ちなみにＬＨＣの中では、電磁気的な力によって陽子を光速の99・９９９９９１％まで加速させることができます。ここまでの速度になると、特殊相対性理論の影響があらわれます。特殊相対性理論によれば、加速して光速に近づくほど、物体の質量は見かけ上、大きくなるのでしたね。たとえば質量１

グラムのものなら光速の99・9999991％にまで加速されると、約7・45キログラムにもなります。

質量が大きくなると、粒子は曲がりづらくなります。そのためLHCなどの加速器では、粒子の質量が大きくなることを計算に入れたうえで、粒子が適切に加速され、適切に装置内をまわるように、加える電磁気的な力をコントロールしています。

それにしても、ここまでして粒子を加速させることで、いったい何がわかるのでしょうか？　実験の目的はさまざまですが、最大の目的の一つは、まだ見ぬ未知の素粒子を探すことです。陽子どうしを加速して衝突させると、素粒子が新しく生まれて周囲に飛び散るという現象がおきます。$E=mc^2$によると、エネルギーと質量は同じものです。そのため、加速された陽子がもつエネルギーが衝突して質量に変わることにより、新たに素粒子が生まれるのです。その中には、陽子よりも静止質量がずっと重い粒子も含まれます。

LHCの成果として大きなものに「ヒッグス粒子」の発見があります。ヒッグス粒子とは、1964年に存在が予言された「万物に質量をあたえる素粒子」です。世界中の物理学者たちが探し求めてきましたが、長い間、実証できませんでした。

そんなヒッグス素粒子の発見をＬＨＣのチームが２０１２年に発表し、翌２０１３年にはノーベル物理学賞が授与されました。現在も新粒子を発見するために、世界中で加速器を用いた実験が多数行われています。

相対性理論の効果で小さくなっている「白金原子」

ここで、特殊相対性理論と電子についてお話ししましょう。

電子のふるまいにも特殊相対性理論は大きくかかわっています。ここでは「白金（プラチナ）」という元素を取り上げます。白金は、化学反応の反応速度をあげる「触媒」として、いまや現代社会に欠かせない元素です。たとえば自動車の排気ガスには有毒な一酸化炭素が含まれていますが、白金を触媒として一酸化炭素と酸素を混ぜると、無害な二酸化炭素になります。

また水分子を分解して酸素分子と水素分子をつくりだす反応にも、白金触媒は

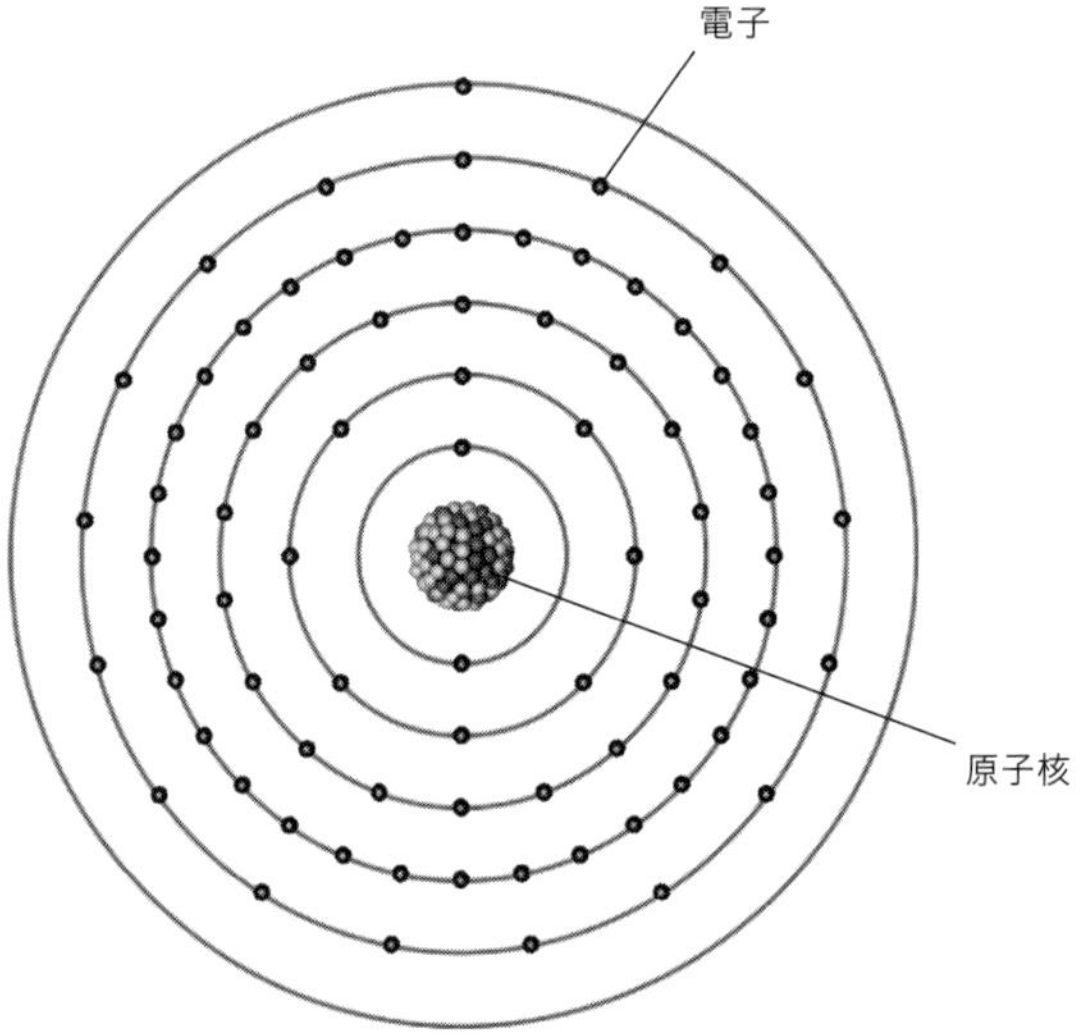

図6-5.　白金原子

必要です。この反応は、水素を燃料として走る燃料電池自動車には必要不可欠なものです。

白金がほかの元素では見られないような独特な触媒作用を示す理由の一つには、白金元素の電子の軌道にあると考えられています。通常、白金を含め、電子は原子の中央にある原子核のまわりをまわっています。原子核の中にある陽子はプラスの電気を帯びているため、マイナスの電気をもつ電子は飛んでいかずに、原子核の周囲をまわりつづけることができるのです（図6－5）。

原子核の中には、原子番号と同じ数の陽子が含まれています。白金の原子番号は78ですので、白金原子は78個と非常に多くの陽子をもっているわけです。そして陽子の数が多いということは、原子核と最も内側にある電子との間にはたらく電気的な引力が強くなるということです。すると、それにともなって電子の回転速度は速くなります。

最も内側の軌道をまわる電子の速度は、なんと光速の約57%、秒速17万キロメートルにも達します。これほどの速度でまわると、相対性理論による電子の質量が大きくなる影響を無視することができなくなります。

電子が重くなると、白金原子の最も内側をまわる電子の軌道半径が、相対性理論の効果を無視した場合とくらべて小さくなります。さらに、それにしたがって外側の電子の軌道も小さくなります。これはつまり白金原子の直径が、相対性理論の効果を考慮しない場合に予想される直径よりも小さくなることを意味するのです（図6－6）。

一般的に電子軌道の大きさは、触媒の反応性に大きく影響します。そのため、白金が相対性理論の効果で縮むことが、白金が触媒として利用できる理由の一つ

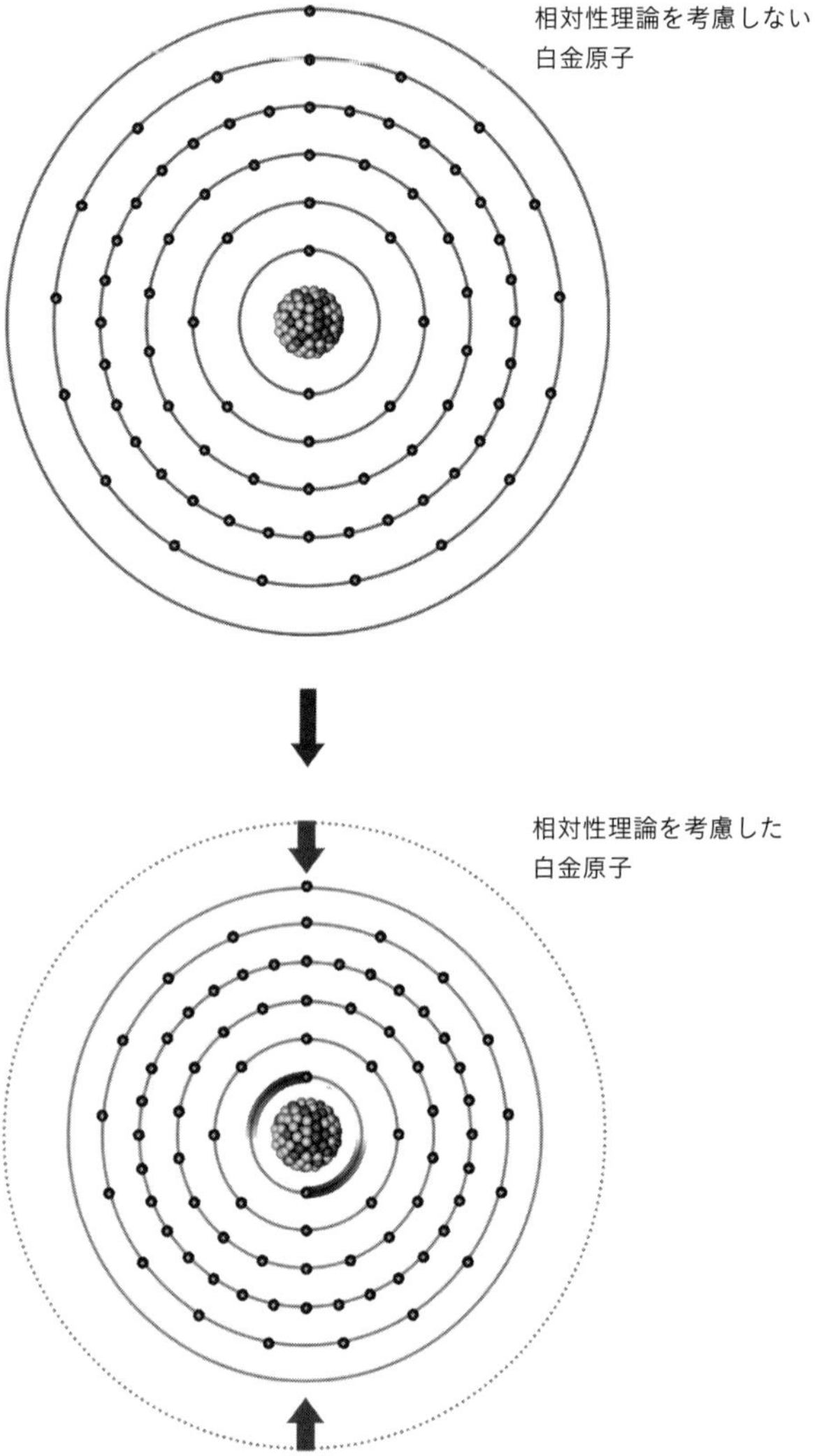

図6-6.　白金は相対性理論の効果で小さくなる

ではないかと考えられています。白金がなぜ優秀な触媒なのか、その理由の一端が相対性理論で明らかにされているわけです。

GPSの進化には相対性理論が不可欠

相対性理論が実は私たちの生活にも深くかかわっているということを知っていますか？　相対性理論と「GPS（全地球測位システム）」の関係を例にあげて紹介しましょう。

どこにいても現在位置を知らせてくれるGPSの機能は、スマホやカーナビにも搭載され、日常生活にかかせないものになっていますね。どこにいても現在地がわかる、というのは、いったいどのようなしくみなのでしょうか。

GPSは主に上空を飛ぶ「GPS衛星」と、カーナビや携帯電話に搭載されている「GPS受信機」からなります。GPS衛星はつねに、時刻と衛星の位置情報を電波で送信しています。この電波は光速（秒速30万キロメートル）で進むため、「衛星から発せられた電波が受信機に届くまでにかかった時間×光速」から、衛星までの距離を求めることができます。そして同じことをことなる三つ以上の衛星との間で行うことにより、GPS受信機はみずからの位置を割りだすことができるのです（図6－7）。

さてこのとき、電波が届くまでにかかった時間にほんの少しでもずれが生じるとGPSは役に立たなくなってしまいます。たとえば時計が10マイクロ秒（0・00001秒）ずれただけで、衛星から受信機までの距離は3キロメートル（＝0.00001秒×30万）も変わってしまうのです。

そのためGPSには、正確な時計が必要なわけですが、実はGPSの時計にも相対性理論の効果が影響します。まずGPS衛星は、時速約1万4000キロメートル（秒速約4キロメートル）という速い速度で飛んでいます。すると特殊相対性理論の効果により、1日で7マイクロ秒ほど、地上の時計とくらべて遅れることになります。これでは、かなり位置がずれてしまいますね。

また、GPS衛星は高度約2万キロメートルの宇宙空間を移動しているため、地球から受ける重力が地上よりも小さくなります。そのため、今度は一般相対性理論の効果により、地上の時計よりも1日で46マイクロ秒ほど速く時間が進みま

図6-7.　GPS衛星

GPS衛星はつねに、時刻と衛星の位置情報を電波で送信している。

す。この二つの効果を合わせて考えると、ＧＰＳ衛星に搭載された時計は、地上の時計よりも1日で39マイクロ秒ほど速く進んでしまうことになるのです。これは距離に換算すると、約10キロメートルに相当します。

これではとても使いものになりません。そこでＧＰＳでは、この二つの相対性理論の効果による時間のずれがあらわれないよう、あらかじめ補正がかけられています。ＧＰＳの正確な測位には、相対性理論による計算が不可欠なのです。

このように、身近なところでも相対性理論は活躍しています。

時空のさざ波「重力波」の観測成功

ここからは、一般相対性理論によって明らかになった宇宙の話題をいくつか紹介しましょう。一般相対性理論によると、質量をもつ物体の周囲では時空がゆがみます。そこからアインシュタインは「重力波」の存在を予言しました。重力波とは、時空の伸び縮みが波となって周囲に広がっていく現象です。ブラックホールや中性子星のような超高密度な物体が動くと、時空のゆがみが水面上に広がる波のように周囲に広がっていくのです。

もし重力波が地球に伝わってきたら、私たちのまわりの時空もゆがみます。ただ地球からの距離にもよりますが、ブラックホールどうしや、中性子星どうしの合体などがおきた場合、重力波の到来による時空のゆがみは、太陽と地球間の距離の中で原子の半径ほどが変動する程度の非常に小さなものです。つまり重力波が伝わってきても、ごくごく微小な影響しかおよぼさないということです。

そのため、重力波を直接観測することは非常にむずかしく、「アインシュタイン最後の宿題」ともよばれていました。

しかしアインシュタインの一般相対性理論の提唱から100年目の2016年2月、ついに宿題の解答が出ました。アメリカの重力波観測装置「LIGO」が重力波の直接観測に成功したのです。

解析によると、このとき観測された重力波は、たがいの周囲をまわる二つのブラックホールが徐々に近づき、その後、衝突・合体するときに生じたと考えられています（図6－8）。衝突したブラックホールの質量はそれぞれ太陽の36倍と29倍であり、これらが合体することで、太陽の62倍の質量をもつブラックホールに

図6-8.　ブラックホールの合体で発生した重力波のイメージ

なりました。

36＋29＝65になるので、65倍のまちがいでは？　と思う方もいるかもしれませんが、合体後は太陽の62倍の質量にしかなりませんでした。なぜならこの欠けた太陽三つ分の質量が、$E=mc^2$にもとづいて膨大なエネルギーに変換され、重力波として放射されたからです。

重力波が観測されたときの空間のゆがみは、最大でも1ミリメートルの1兆分の1の、さらに100万分の1程度でした。また重力波の発生源は大マゼラン銀河の方向、地球から約13億光年先の場所だと考えられています。光でも13億年かかる距離から、重力波が届いたのです！

　この重力波の観測は新たな天文学の幕開けでもあります。重力波の大きな特徴は「あらゆるものを透過する」ということです。この性質を利用すれば、これまでの天文観測では得られなかった、恒星の大爆発である超新星爆発のメカニズムについての情報や、宇宙が誕生した直後におきたと考えられている急膨張（インフレーション）などに関する情報を手に入れられると考えられています。

　ただ重力波の発生源の情報を正確に得るためには、ＬＩＧＯだけでは足りません。そのため、世界各国で重力波観測網が整備されつつあります。たとえばヨーロッパでは重力波観測装置「Ｖｉｒｇｏ」が稼働しています。２０２０年３月までに、ＬＩＧＯとＶｉｒｇｏにより93件もの重力波が観測されています。

　日本でも、岐阜県神岡鉱山の地下に建設された大型低温重力波望遠鏡「ＫＡＧＲＡ」にて、２０２０年２月から観測が行われています。さらに宇宙へ重力波検出器を打ち上げる「ＬＩＳＡ」や、月面での重力波観測所など、現在も野心的な計画が進められています。

ついに見えた！　ブラックホール

一般相対性理論によれば、時空のゆがみが極限まで大きくなると、ついには光さえも二度と抜けだせない「特異な領域」がつくられます。これが「ブラックホール」です。

ブラックホールは、その存在が予言されてから長い間、直接観測することはできませんでした。しかし２０１９年、人類ははじめてブラックホールの姿を直接とらえることに成功しました！　２０１７年に観測が行われたのち、長きにわたるデータ解析の結果「Ｍ８７」という銀河の中心に存在する超巨大ブラックホールの姿が浮かび上がったのです。

解析画像には、楕円銀河Ｍ８７の中心に存在する超巨大ブラックホールのリング状の光（光子リング）と、その内側の黒い穴が写しだされました（図６－９）。その内側には、それ以上近づいたら光すら脱出できなくなる境界面、「事象の地平面」があります。

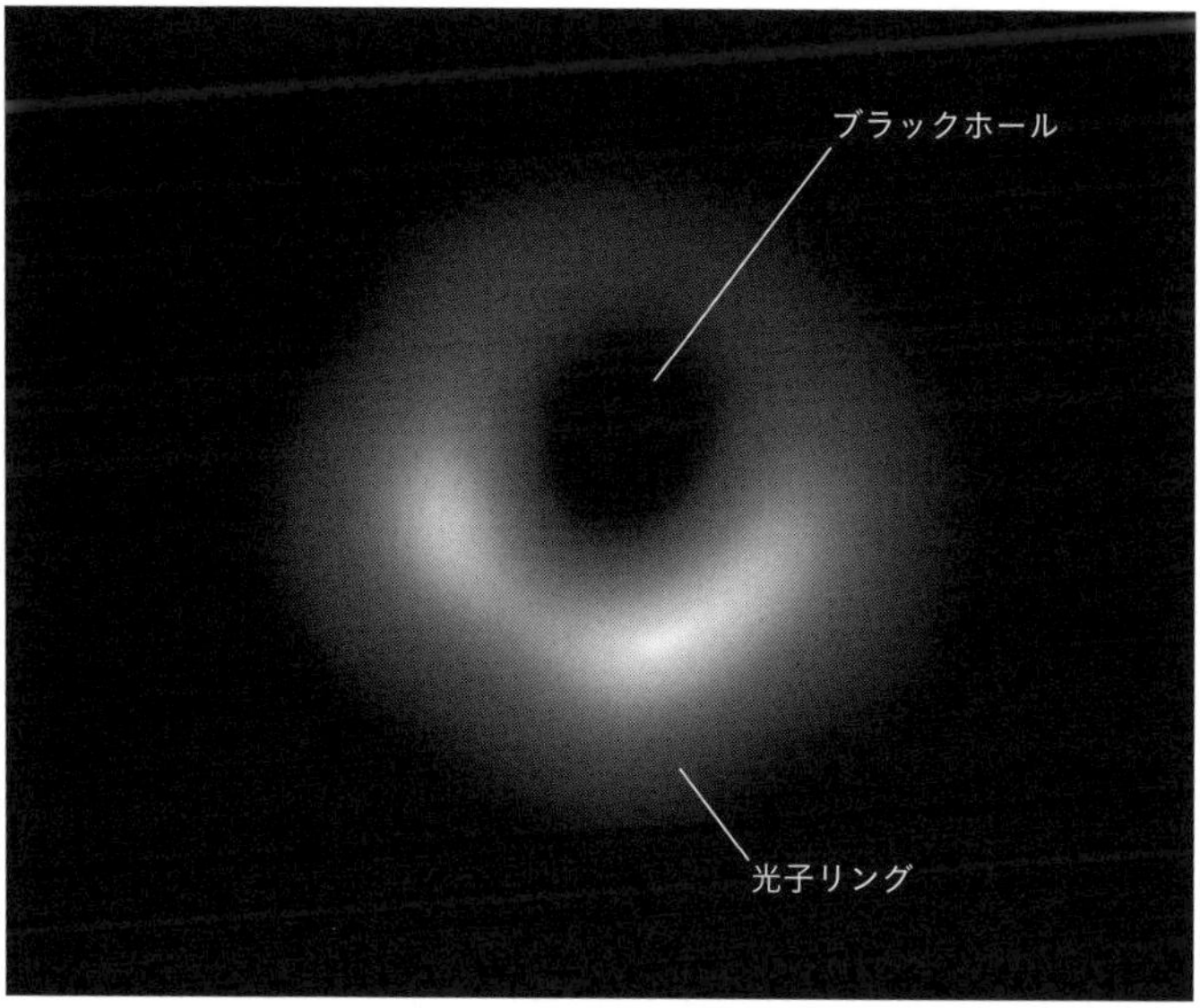

図6-9.　はじめて撮影されたM87銀河のブラックホール

リング状の光の内側にブラックホールの影がとらえられた。

ブラックホールの撮影に成功したのは「イベント・ホライズン・テレスコープ（Event Horizon Telescope：EHT）」という電波干渉計です。電波干渉計とは、何台もの電波望遠鏡を組み合わせ、1台の巨大な電波望遠鏡を構成する手法です。EHTは国際的なプロジェクトで、地球上に散らばる6地点8台（2017年時点）の望遠鏡を用いて、波長1・3ミリメートルの電波を観測します。世界中の望遠鏡が協力して、ブラックホールをとらえることに成功したわけです。

驚くべきはＥＨＴの〝視力〟です。その視力はなんと３００万にもなります。視力３００万とは、大阪に置かれた髪の毛の太さを東京からはかれるほどの超高精度です。ただしＥＨＴが観測できるのは、複数の望遠鏡で同時に観測できる位置にあり、かつ明るい天体にかぎられます。

ＥＨＴに最適な観測対象は、このＭ８７の超巨大ブラックホールと、私たちが住む天の川銀河の中心にある超巨大ブラックホールです。２０２２年5月には、ＥＨＴが天の川銀河の中心にあるブラックホールの撮影にも成功したことを発表しました。この観測結果により、私たちの天の川銀河の中心にひそむ超巨大ブラックホールの実態が、今後明らかになっていくことでしょう。

宇宙では空間が膨張していた

一般相対性理論によって、とくに大きく研究が進んだのは「宇宙の成り立ち」についてです。この宇宙はどのようにしてはじまったのか、一般相対性理論の登場前、この問いについてほとんど議論されることはありませんでした。しかし一般相対性理論の登場により、「空間は変化しないものではなく、質量のある物体のそばではゆがむ」ことが明らかになりました。

そして1922年、旧ソビエト連邦の宇宙物理学者アレクサンドル・フリードマン（1888〜1925、図6－10）は、一般相対性理論を宇宙全体に適用することで、おどろくべき宇宙の姿を導きだしました。

図6-10.　アレクサンドル・フリードマン

その姿は「宇宙空間全体が膨張あるいは収縮する」というものでした。このように、宇宙空間は変化しうるものだという考えから、宇宙の誕生と進化、そして未来の姿にせまる本当の意味での「宇宙論（cosmology）」が生まれたのです。

その後1920年代後半になると、ベルギーの天文学者ジョルジュ・ルメートル

（1894〜1966、図6－11）やアメリカの天文学者エドウィン・ハッブル（1889〜1953、図6－12）によって、なんと宇宙空間全体が膨張していることが示されたのです。宇宙の膨張は、現在ではさまざまな観測から確かめられています。

宇宙が膨張しているという事実を逆に考えてみましょう。すなわち、時間をさかのぼると過去の宇宙は今よりももっと小さかったことになります。そしてどこまでも時間をさかのぼると最終的には宇宙の大きさが0の点にたどりつきそうです。この点こそ宇宙誕生の瞬間だと考えられています（図6－13）。

どのように宇宙が誕生したのかはいまだによくわかっていません。しかし多くの研究者が妥当な理論として認めている理論は、大まかに「インフレーション理論」とよばれている理論です。この理論には多くのモデルがあります。あるモデ

図6-11.　ジョルジュ・ルメートル

図6-12.　エドウィン・ハッブル

ルでは、今から約１３８億年前、宇宙は時間も空間も存在しない無から生まれたといいます。そしてその直後、宇宙空間は1秒よりもはるかに短い時間で、その大きさが約10^{43}倍になったと考えられています。10^{43}倍というのは「１兆×１兆×１兆×１０００万倍」ですので、とんでもない急激な膨張です。この急激な膨張現象は「インフレーション」とよばれています。

そして宇宙誕生の10^{-27}秒後ごろに、インフレーションが終了しました。このときインフレーションを引きおこしていたエネルギーが$\boldsymbol{E}=\boldsymbol{mc}^2$にもとづき、物質のもととなる素粒子や光に姿を変えました。物質や光は、宇宙のエネルギーから生まれたのです。

その後、宇宙は超高温・超高密度の空間となりました。この灼熱の宇宙を「ビッグバン」といいます。

ビッグバンのあと、宇宙はインフレー

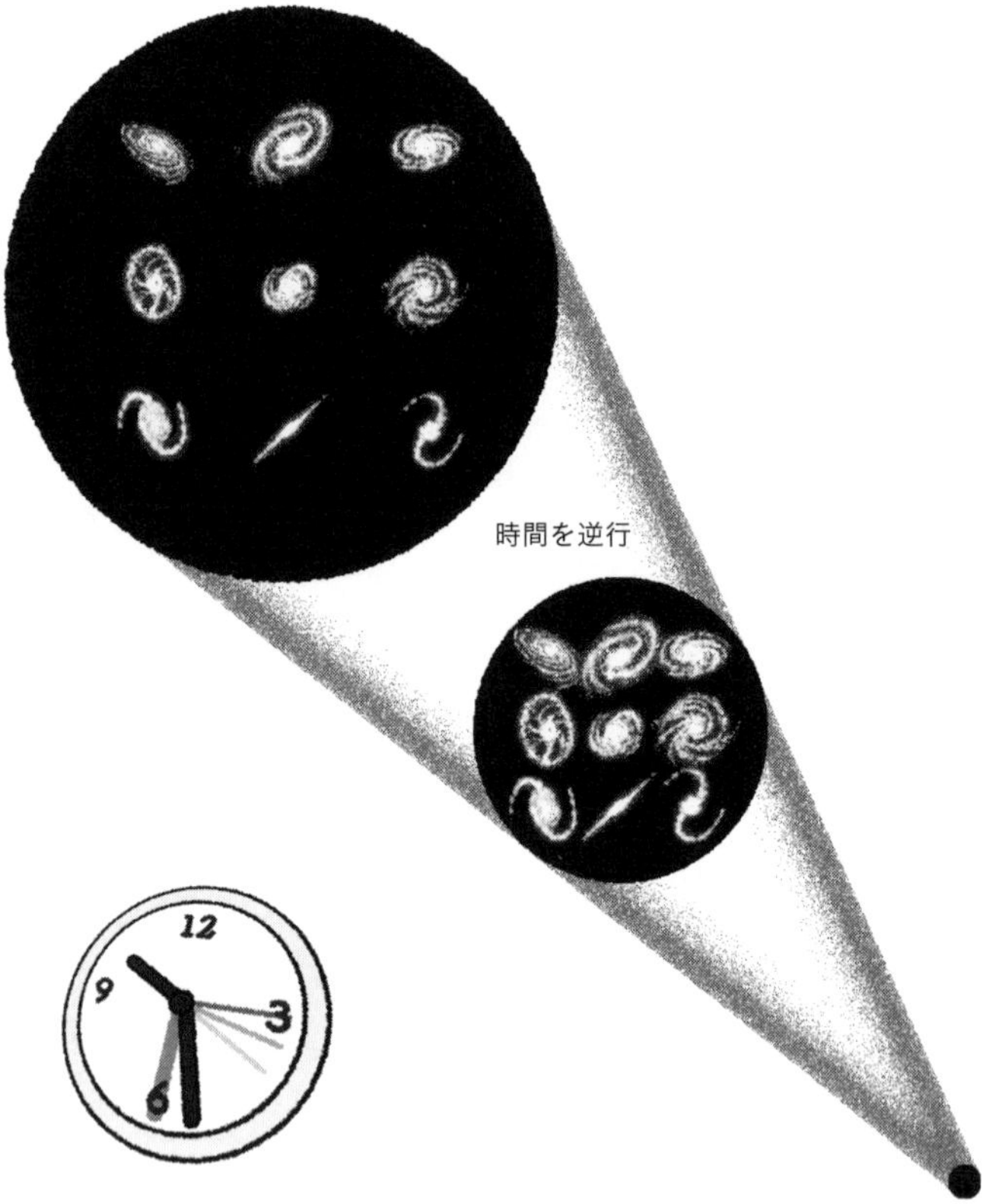

図6-13.　過去の宇宙は、今よりずっと小さい

時間をさかのぼると、最終的には宇宙の大きさが0になる「宇宙誕生の瞬間」があったことになる。

ションのときよりもゆるやかな膨張をつづけ、長い時間をかけてだんだんと冷えていきました。その過程で原子がつくられ、星が誕生し、銀河が誕生し、現在の宇宙になったと考えられています。

謎のエネルギーが、宇宙を膨張させている

一般相対性理論から、宇宙空間が膨張する可能性が導かれたわけですが、実は一般相対性理論をつくりあげたアインシュタインは最初、宇宙空間は収縮も膨張もしない静的なものだと考えていました。しかし、彼は困った事態に直面することになります。星や銀河はそれぞれの重力で引き寄せ合っているため、長い時間をかけて宇宙全体は収縮してしまうのではないかと考えられたのです。これは、アインシュタインが考えた静的な宇宙像に反しています。

そこでアインシュタインは、一般相対性理論の方程式（アインシュタイン方程式）の中に、「宇宙空間の斥力（反発力）」をあらわす項を加え、収縮方向の力とバランスをとらせることで、静的な宇宙像をつくり上げたのです（図6－14）。この項は「宇

$$R_{\mu\upsilon}-\frac{1}{2}g_{\mu\upsilon}R+\Lambda g_{\mu\upsilon}=\frac{8\pi G}{c^4}T_{\mu\upsilon}$$

図6-14.　アインシュタイン方程式

宙定数」と名づけられました。宇宙定数による静的な宇宙像は、なかば〝強引〟につくり上げられたといえるでしょう。

しかし前述のように、フリードマンは一般相対性理論から動的な宇宙像を導きだしました。そして天文観測によって、ハッブルらが宇宙の膨張を発見します。こうしてアインシュタインは「静的な宇宙像」が誤っていたことを認め、この宇宙定数を取り下げることになったのです。このときアインシュタインは「宇宙定数を導入したことは、生涯最大のあやまちだった」とのべたといいます。

さて、いまなお宇宙は膨張しています

が、いったいどこまで膨張し、これから先はどうなるのでしょうか。かつて多くの科学者は、今後宇宙の膨張速度は遅くなっていくだろうと考えていました。たとえば自転車はこぎつづけないと、路面との摩擦によってだんだんスピードが遅くなっていきますね。これと同じように、宇宙膨張の速度は、重力（引力）によって〝ブレーキ〟がかかっているはずだと考えられていたのです。

しかし1998年、おどろくべき研究成果が発表されます。なんと宇宙の膨張の速度は速くなっていた、つまり宇宙は加速膨張していたのです。科学者たちは宇宙空間に満ちている「ダークエネルギー」という未知のエネルギーが、宇宙の加速膨張の〝アクセル役〟を果たしていると考えています。

ダークエネルギーは「空間（真空）自体がもつエネルギー」で、この宇宙に均一に存在しているようです。そして、たとえ宇宙が膨張しても〝薄くならない〟という特徴があるといいます。

ただ、実は科学者たちもダークエネルギーの正体を知りません。ダークエネルギーは、宇宙論における大きな問題として残されているのです。そのため今後、宇宙がこのまま加速膨張をつづけるのか、あるいはいずれ収縮に転じるのか、決着はついていません。

ところで、先ほどアインシュタインはアインシュタイン方程式の中に宇宙定数を加え、その後、まちがいだったとしてこれを取り下げたとお話ししました。しかし現在、多くの科学者は「ダークエネルギーは数学的に宇宙定数と同じもの」だと考えています。宇宙定数はダークエネルギーと名を変えて、宇宙論に復活したのです。

一般相対性理論が歯が立たない難問

ここまでのお話で、相対性理論が物理学を一変した大理論であることがおわかりいただけたでしょうか。しかし、そんな一般相対性理論すら歯が立たない難問があります。それはブラックホールの「特異点」についてです。

ブラックホールでは、そのものすごい質量は中心にある1点に集中しています。この点が特異点です。特異点は理論上、密度が無限大です。この特異点が相手では、一般相対性理論も役に立ちません。無限大にどんな数を足しても引いても、かけても割っても無限大のままですから、理論的な計算が破たんしてしまうのです。

また「宇宙誕生の瞬間」にも、相対性理論ではせまることができません。現在の宇宙は膨張しているわけですから、時間を過去にさかのぼっていくと、宇宙全体に存在している膨大な数の原子たちは身動きがとれないまでにせまい空間に押しこめられていたことになります。そして宇宙の誕生時には、ブラックホールの特異点と同じく、計算上、宇宙全体が密度無限大の特異点に〝つぶれて〟しまうことになります。宇宙誕生時の特異点についても、一般相対性理論では計算することができません。宇宙がなぜ、どのようにして誕生したのか、なぜ宇宙が膨張をはじめたのかといったことについては、いまだ解明できていないのです。

物理学者の夢は、相対性理論と量子論の統一

いま研究者たちは、これらのブラックホールの特異点や宇宙誕生の謎など、究極の難問にせまる可能性を秘めた理論の完成を目標にしています。そのために

は、現代の物理学の土台となっている二つの理論を統一させる必要があると考えられています。その理論とは、一般相対性理論と「量子論」です。

量子論とは原子や、それ以上分割できない電子や光子といった素粒子のような「ミクロな世界」を支配する法則についての理論です。ミクロな世界では、物質が波のような性質をもったり、一つの物質が同時に複数の場所に存在したりと、私たちの常識では考えられないような現象がおきます。

一方、時空の理論である一般相対性理論は、主に「マクロな（巨視的な）世界」をあつかう理論だといえます。通常の私たちが生活しているスケールでは、一般相対性理論の効果はほとんど見えてきませんが、宇宙規模になると、一般相対性理論が大きく影響してきます。量子論とは守備範囲がまったくことなる理論ということです。

そんな量子論と一般相対性理論の二つを統一することができれば、自然界のあらゆる現象を説明できる究極の理論になると期待されています。この2大理論の統一は、現在の理論物理学者たちの最大の目標の一つです。しかし究極の理論への道のりは非常にけわしく、数十年にもわたる理論的な研究をへても、いまだ完成にはいたっていません。

一般相対性理論と量子論を統一した理論は、とくに「ミクロな時空」を考えるときに必要になります。ブラックホールや宇宙の誕生時の特異点では、膨大な質量がミクロな領域に押しこめられています。このような時空について考えるときに、二つの理論を融合した理論が必要になるのです。二つの理論を統一した理論は、仮に「量子重力理論」とよばれており、現代の物理学が抱えるさまざまな謎の答えをもたらす「究極の理論」になると期待されています。

さて、そんな究極の理論についてのお話を簡単にしたところで、相対性理論の時空の旅は終わりです。時間の遅れや光についての大発見、未来への時間旅行、伸び縮みする時空など、相対性理論がいかに革命的な理論であるか、身近に感じていただけたでしょうか。さらなる研究の飛躍を楽しみに待ちましょう！

Staff

Editorial Management	中村真哉
Editorial Staff	井上達彦，山田百合子
Design Format	村岡志津加（Studio Zucca）

Illustration

表紙カバー	佐藤蘭名，松井久美，岡田悠梨乃	58	佐藤蘭名	141	岡田悠梨乃
15	松井久美	61	松井久美	144~145	佐藤蘭名
18	佐藤蘭名	63~69	佐藤蘭名	150~160	松井久美
22	羽田野乃花	71~86	松井久美	163~165	岡田悠梨乃
25~31	佐藤蘭名	92~94	佐藤蘭名	167~171	佐藤蘭名
32~35	松井久美	97	Newton Press	173~174	松井久美
38~41	佐藤蘭名	98~103	佐藤蘭名	176	羽田野乃花
43~45	松井久美	104	羽田野乃花	182~184	Newton Press
46	佐藤蘭名	108	松井久美	187	佐藤蘭名
48~51	松井久美	112	羽田野乃花	190	Newton Press
		113~123	松井久美	195~197	松井久美
		125~136	佐藤蘭名	198	岡田悠梨乃

Photograph

131~132 NASA and ESA, NASA, ESA, A.Bolton (Harvard-Smithsonian CfA) and the SLACS Team
193 EHT Collaboration

監修（敬称略）
佐藤勝彦（東京大学名誉教授）

Newton
本当に感動する サイエンス超入門！
アインシュタインの相対性理論とは何か

2024年9月10日発行

発行人　松田洋太郎
編集人　中村真哉
発行所　株式会社 ニュートンプレス　〒112-0012 東京都文京区大塚3-11-6
https://www.newtonpress.co.jp/

© Newton Press 2024　Printed in Japan
ISBN978-4-315-52843-5